健康城市设计理论丛书4　　　　　　李煜　主编

健康社区设计指南

李　煜　徐跃家　刘平浩　著

中国建筑工业出版社

图书在版编目（CIP）数据

健康社区设计指南 / 李煜，徐跃家，刘平浩著. —
北京：中国建筑工业出版社，2022.8
（健康城市设计理论丛书；4）
ISBN 978-7-112-27589-2

Ⅰ.①健… Ⅱ.①李… ②徐… ③刘… Ⅲ.①社区—
建筑设计—指南②社区—医疗保健—指南 Ⅳ.
①TU984.12-62②R197.1-62

中国版本图书馆CIP数据核字（2022）第117217号

责任编辑：刘　丹
书籍设计：锋尚设计
责任校对：王　烨

健康城市设计理论丛书4
李煜　主编

健康社区设计指南

李　煜　徐跃家　刘平浩　著

*

中国建筑工业出版社出版、发行（北京海淀三里河路9号）
各地新华书店、建筑书店经销
北京锋尚制版有限公司制版
天津图文方嘉印刷有限公司印刷

*

开本：880毫米×1230毫米　1/32　印张：6½　字数：258千字
2022年8月第一版　　2022年8月第一次印刷
定价：**88.00**元
ISBN 978-7-112-27589-2
（39124）

丛书序

什么是健康城市设计理论？这是指城市设计理论中与居民健康相关的空间理论、规律、技术与策略。三十年前，朱文一先生提出了"空间原型理论"，并在此基础上推动了"建筑学城市理论"的系列研究。通过探索建筑学与其他学科的交叉融合，试图将其他学科总结出的事物发展规律中可以被空间化的部分转译为空间与形态规律。

2008年起，我开始关注"城市空间"和"人群疾病"的关系。事实上，空间如何影响健康是建筑学永恒的话题之一。20世纪80年代开始，人类疾病谱的转变和预防医学的发展使得公共卫生领域再次关注城市空间与人类疾病的关系。与此同时，现代主义建筑的失败和城镇化的加速导致了种种相关疾病的流行，也引起了建筑学领域的反思。在这样的背景下，顺着"什么样的城市空间容易导致疾病"这一主线，提出"城市易致病空间"的概念，并初步划定"空间相关疾病"的范畴。在此基础上详细分析了城市空间的不良规划设计导致人群患病的作用规律，并以此完成了博士论文。

2013~2014年我赴耶鲁大学访学，跟随阿兰·普拉特斯教授进行城市设计的研究，并与医学院的学者一起探索了建筑学与医学的可能交叉。在此基础上出版了《城市易致病空间理论》一书，初步总结了世界发达国家整治改良城市易致病空间的经验策略，挖掘了中国大城市面临的类似问题，试图提出初步的空间整治建议。

2014年开始，我有幸与其他志同道合的青年学者一起进行健康城市设计理论的系列前沿课题研究。这些学者有建筑学、医学、公共卫生学、管理学、计算机图形学等迥异的学科背景，在讨论和合作的过程中产生了许多有价值的思维火花。随着研究的深入，越来越多的思绪凝固成共识，通过数据与实证成为浅显的发现。从观察成为认知，从现象成为理论，从观点成为策略。

2019年底，一场突如其来的新冠病毒肺炎（COVID-19）疫情席卷全球，给人类社会造成了难以估量的损失。原本高度发达的当代城市空间，在疫情中暴露出了种种问题。透过疫情滤镜审视当代城市空间，可以发现多个维度的反思和创新正在涌现。这些看似新生的问题，其实早已存在于城市发展建设当中。疫情的滤镜无疑放大了城市空间对"健康"的诉求，将健康城市设计的概念重新带回主流研究和实践的视野。在这样的背景下，我和徐跃家、刘平浩两位老师在2020年担任《AC建筑创作》杂志客座主编，组编了"健康建筑学：疫情滤镜下的建筑与城市"特刊。邀请建筑学、医学、公共卫生、管理学等学科的专家学者，分别从建筑、城市和疾病的角度解析了疫情滤镜下城市空间的问题与改进方向。相信与历史上每一次重大的流行病疫情一样，本次疫情也会带来城市设计的深度自省和重要发展。

应该意识到的是，"健康城市设计理论"并不是一股风潮、一阵流行，而是建筑学伊始的初心之一。在学科交叉、尺度交汇、数据和信息化极大发展的今天，城市空间如何服务于人类健康，充满了各种崭新的机遇与挑战。在这样的背景下，我们与中国建筑工业出版社合作推出"健康城市设计理论丛书"，尝试为读者提供健康城市设计方向的理论与实践推介。首期推出的4本包括《健康导向的城市设计》《感知健康的城市设计》《促进全民健身的城市设计》和《健康社区设计指南》。

人群健康与城市设计的学科交叉和理论融合，是一项长期持续的工作。"健康城市设计理论丛书"只是冰山一角，希望丛书的出版能够为我国健康城市设计理论研究添砖加瓦。

李煜

2022年6月

序一

19世纪末德国社会学家斐迪南·滕尼斯出版了名著"*Community and Society*"，费孝通先生在其翻译中首次提出了中文的"社区"一词。"区"限定了地域和空间，"社"则表征了共同体的概念。如果说城市是一个由空间、设施、人口、资源和信息等多维度内容组成的高度复杂系统，社区则是这一复杂系统的基本节点。

当代社区空间深深影响着居民的身体、心理和社会健康。2020年新冠肺炎疫情暴发，"健康社区"的规划设计引发了热烈讨论，多个维度的反思和创新正在涌现。在学科交叉、尺度交汇、数据和信息化极大发展的今天，社区空间如何服务于居民健康，充满了各种崭新的可能。同时，在健康社区的设计和管理中，也存在着种种疑问。例如，社区与健康的关系究竟是什么？社区中有哪些要素影响着居民健康？如何通过社区规划、建筑设计和景观设计服务居民健康？城市管理者、开发者、设计师和居民急需一本简易而清晰的健康社区设计指南。

在这样的背景下，北京建筑大学的城市设计理论团队从公共卫生和城市设计的双重视角，清晰描绘了"社区空间"和"居民健康"的关系。本书深入浅出，整合了《健康住宅评价标准》《健康建筑设计标准》和《WELL健康社区标准》等健康社区评价规范。全书以导则图示的形式，呈现了健康社区规划设计的理论、方法、案例和详细图则。包含定义社区、元素、原则、案例和健康社区人工智能设计五个部分。是一本兼具专业深度和简明可读性的健康社区设计指南，为健康社区政策研究、规划设计和社区管理提供了难能可贵的依据和支撑。

张大玉

北京建筑大学校长　教授　博士生导师

序二

社区健康关乎百姓健康，如何设计与建造一个健康社区是具有广泛意义的课题。尤其在2020年新冠肺炎疫情之后，健康社区已经成为所有人的共同期盼。社区居民时时刻刻所处的室内外环境，包括空气、水、声环境、光环境、热环境等，日积月累地影响着居住者的身体健康和心理健康。社区和居所作为居民日常生活中停留时间最长的物理空间，其设计和建造是否科学合理，已经成为社会普遍关注的话题。于是能有一本《健康社区设计指南》，就显得十分重要。

对设计师而言，工作中会时刻面对一些与健康相关的问题。例如，如何使社区整体风环境更流畅、更舒适，供水系统更卫生、更安全，采光环境更满足每户的均好性而非仅仅符合条文规定等。如何进行社区规划可以使每户都获得良好的景观视野？如何进行户型设计可以使每户的自然通风效果都得到保障？如何选择灯具的照度和色温来营造放松舒适的光环境？……只有回答了这些问题，才能设计出一个让居民住的放心、舒心、悦心的人居环境。本书试图针对这些问题给出相应解答，为设计师提供便捷有效的参考。

本书用图解化的方式对健康社区进行分类指导，对现行的规范标准进行了全新的解读，大大降低了普通民众、设计从业人员、建设管理者掌握与理解健康社区与健康居所设计标准的门槛。难能可贵的是，本书不仅关注基于健康的多种设计及人文要素，同时也展示了新兴技术人工智能在设计中的最新应用，值得社区项目的开发者、设计者、公共政策制定者以及社区居民去延展阅读和思考，是一本不可多得的健康社区设计工具书。

李存东

中国建筑标准设计研究院有限公司

党委书记党委委员、董事长

序三

自维特鲁威在《建筑十书》中提到"坚固、实用、美观"设计三原则至今已有两千余年，其内涵历久弥新，并随社会进步而不断发展。三年来，新冠肺炎疫情持续肆虐，国内购房人群的改善需求日益高涨，"健康"已经成为当今时代中国人民在居住层面上最为关心的核心要素之一，亦是"实用"这个设计原则的最新概念外延。因此，如何设计好一个健康社区，是所有建筑设计师都要面对的一个时代命题。

设计标准的建立是推动建设健康人居环境的前提。然而，新的行业标准出台后依旧面临着落地慢、推广难、周期长的问题。本书的精彩讲解与详细图示，大幅减少了设计师的学习成本。此外，在规范标准愈加复杂的今天，行业需要一个更加高效、智能和协作化的工具软件来辅助健康社区设计标准落地。这也正是品览一直以来的使命。我们希望能够利用前沿的AI技术，助力健康社区的最佳实践敏捷落地，为建筑标准的推广提质增效，加快健康社区的事业推进。

感谢北京建筑大学的充分信任，在2021年与品览共建了人工智能设计实验室，这才让我们有幸参与到建筑学科研究的前沿阵地。同时也感谢金茂集团的大力支持，通过其武汉住宅项目的实际建设，让我们看到了大型房地产企业的社会责任感及其使命担当。祝愿早日战疫胜利，让我们一起从"健康社区"走向"健康中国"！

李一帆

上海品览数据科技有限公司董事长、CEO

本书导读

"城市空间"与"人类健康"的关系，是城市发展进程中受到持续关注的传统问题。在近代城市发展史上，"建筑学"与"公共卫生"有过3次重要的结合。作者十余年来持续聚焦健康建筑学理论与实践，2016年出版的专著《城市易致病空间理论》聚焦城市空间与疾病的影响关系。"健康建筑学"作为建筑学的一个方向，在2020年新冠肺炎疫情后引发了热烈讨论。透过疫情滤镜审视当代建筑学，可以发现多个维度的反思和创新正在涌现。在学科交叉、尺度交汇、数据和信息化极大发展的今天，建筑学如何服务于人类健康，充满了各种崭新的可能。

当代城市居民每天有90%的时间在室内度过，居住和工作的社区空间直接影响着居民的健康。这种影响既可以是正面的促进健康，也可以是负面的导致疾病。事实上，城市社区空间的不良和不当设计，是导致多种大城市流行病的"元凶"。

《健康社区设计指南》是"健康城市设计理论丛书"的第4本。本指南整合了《健康住宅评价标准》《健康建筑设计标准》《WELL健康社区标准》等健康社区评价规范，包含定义社区、元素、原则、案例、健康社区人工智能设计及评价方案5个部分，定义社区部分阐述了什么是社区、社区与健康的关系、空间导致疾病的类型以及社区中促进健康的元素；元素部分详细罗列了社区中所涉及的建筑、公共空间植物、人物、设施以及设备；原则部分将3本规范中的详细条目进行图示化；案例部分选取"WELL健康社区标准"的实际案例，将其与原则部分进行结合，使读者能够清晰地体会到健康社区的设计方法以及呈现形式；健康社区人工智能设计及评价方案部分与上海品览数据科技有限公司合作，从感知、认知、决策3方面介绍了AI辅助建筑设计的基本方法，并介绍了以此为基础构建的建筑设计知识库（画法库）与健康社区人工智能设计、评价方案体系。本指南撰写过程中得到上海品览数据科技有限公司的大力支持。

本书适合建筑学、城乡规划学、风景园林学、医学、公共卫生学及公共管理学等领域的政策制定者、学者、学生和设计师阅读。

健康社区设计中的层级

层级 1　社区街块

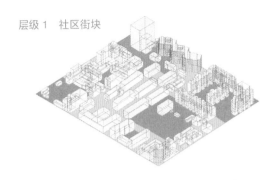

层级 2　公共空间

层级 3　步行空间

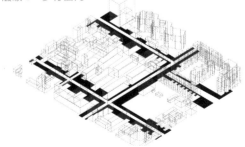

目录

后记

1

什么是健康社区

1.1 什么是社区

　　社区是若干社会群体或社会组织聚集在某一个领域里形成的相互关联的生活大集体，是社会有机体最基本的内容，是宏观社会的缩影。社区应该包括一定数量的人口、一定范围的地域、一定规模的设施、一定特征的文化、一定类型的组织。可以说社区就是这样一个"聚居在一定地域范围内的人们组成的社会生活共同体"。

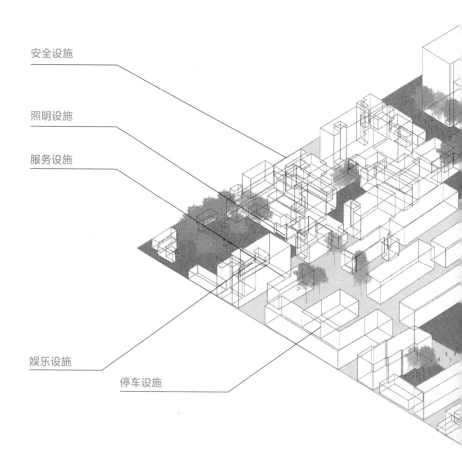

安全设施

照明设施

服务设施

娱乐设施

停车设施

图1-1　社区轴测图

城市正迅速发展，社区亦随之不断变化。预计到2050年，全球约3/4的人将在城市中生活，社区也应随之发展才能适应不断扩张的城市人口。尤其是在新冠疫情席卷全球的背景下，原本高度发达的当代城市空间和社区空间，在疫情中暴露出了种种问题。所以为了适应社会的变化，社区设计也应遵循更高的准则（图1-1）。

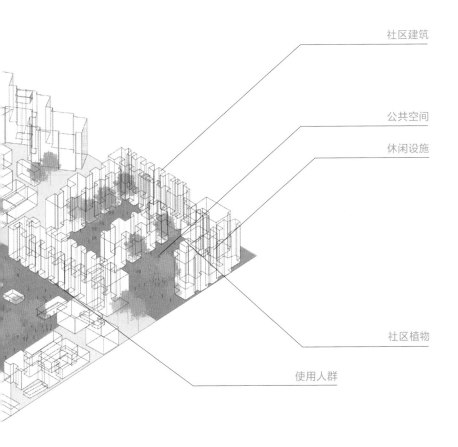

社区建筑

公共空间

休闲设施

社区植物

使用人群

1.2 社区与健康的关系

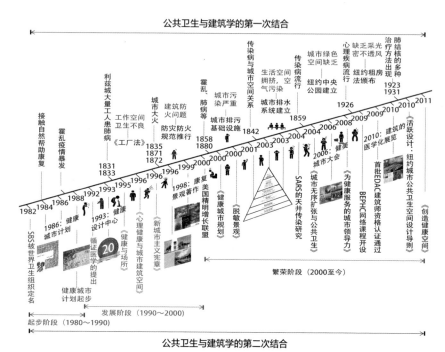

图1-2 公共卫生与建筑学的前两次结合

第一次：卫生"脏乱差"与传染病

在近代城市发展史中，公共卫生与建筑学有过3次重要的结合，带来了健康社区的阶跃发展。现代意义上的公共卫生和建筑学的"第一次结合"开始于19世纪（图1-2），当时的公共卫生专家和建筑师通力合作，通过一系列的空间整治手段解决了当时工业城市中"传染病"大面积爆发的问题（图1-3）。整治工业革命后"脏乱差"的城市空间成就了公共卫生与建筑学学科的第一次结合，更成为现代意义上公共卫生和城市规划的起源之一（图1-4、图1-5）。

第二次：快速"城市化"与慢性病

20世纪后半叶开始，人类疾病谱逐渐发生变化（图1-6）。虽然传染病的问题依然存在，慢性非传染性疾病（Chronic Diseases，以下简称"慢性病"）代替传染病，成

图1-3 19世纪末"脏乱差"的纽约街道
（资料来源：National Library of Medicine）

图1-4 伦敦布罗德大街的输水管道与霍乱患病分析
（资料来源：http://commons.wikimedia.org）

图1-5 用于治疗结核病的露台
（资料来源：Campbell.M, 2005）

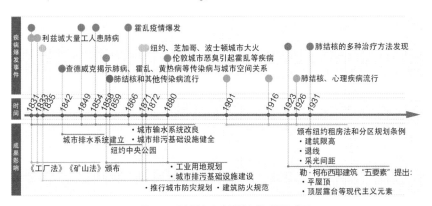
图1-6 历史重大疾病暴发事件时间及成果

为全球性的公共卫生问题。居民对于健康的追求也逐渐从疾病治疗提升到了病前预防。"活跃设计、疗愈花园"等思潮开始出现。

第三次：城市"全球化"与大疫情

事实上，健康城市设计相关的理论还没有形成完整的学科体系和设计策略，但第二次结合以来清晰且渐进的发展使得这一领域逐渐清晰。2020年的新冠肺炎（COVID-19）疫情席卷全球，其影响与1918年造成5000万人死亡的西班牙大流感（Spanish Flu）比肩，对全球经济和社会发展造成难以估量的深远影响。在建筑学领域，这次传染病疫情再次将健康建筑学推向聚光灯下，健康社区、防病设计不应只停留在疫情来袭时的应急处理，更会成为建筑学的新常态。回顾前两次结合的历史，当下的建筑学正在产生一些思潮：如健康影响评估（HIA）的普及、数字化健康城市设计的发展、人工智能与健康社区的设计等。

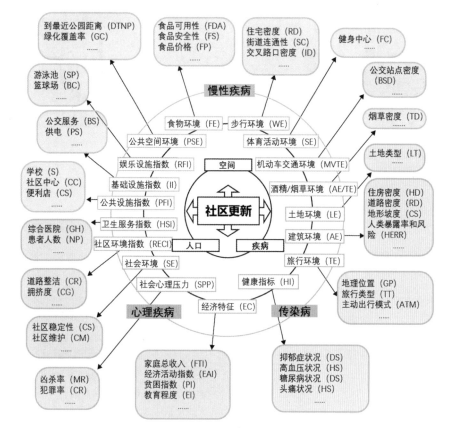

图1-7 三大流行病在社区空间中的影响要素

社区是人生活居住的空间，通过其功能、品质等各个方面影响着人的生理与心理健康，大量研究表明，居住社区空间可能通过"致病环境暴露""改变生活方式"或"产生心理刺激"等多种直接和间接的途径导致居民患病（图1-7）。在人口扩张、疫情暴发的当下，社区空间如何影响居民健康更应成为被重视的话题。

人的健康与社区规划联系紧密不可分割，社区空间通过以下几种方式影响人的健康：

1. 通过社区空间和功能改变人的生活方式，产生营养代谢疾病（图1-8）；
2. 由于空间设计不当产生致病病原，导致过敏和呼吸系统疾病高发（图1-9）；
3. 由于空间质量直接或间接产生心理刺激，造成各种精神心理疾病（图1-10）。

图1-8 慢性病影响下的社区更新历史

图1-9 传染病影响下的社区更新历史

图1-10 心理疾病影响下的社区更新历史

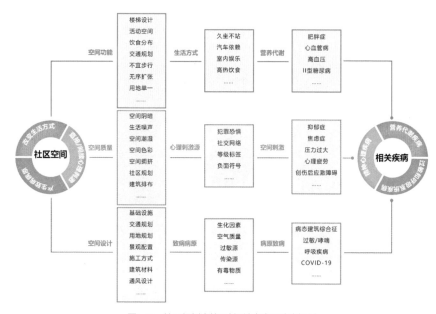

图1-11　社区规划中的3种相关疾病及致病机制

　　"空间—疾病"的影响机制是什么？1997年迪克·孟席斯（Dick Menzies）等从室内空气质量角度提出"建筑相关疾病"（BRI）的概念。2007年马拉（Mala Rao）等归纳了近百种城市空间相关病症。

　　按照社区影响人身心健康的途径分类，我们荟萃分析了近20年城市设计和公共卫生文献，对照国际疾病分类ICD-10详细列出了与社区空间相关的3类疾病——心血管病、呼吸系统疾病、心理疾病（图1-11）。通过城市、社区、个人3个维度的数据详细剖析了三大疾病的致病要素，并分析其致病机制。从生理健康、心理健康、社会健康3个方向为进一步研究健康社区提供理论支持。

1.3 空间导致疾病的类型

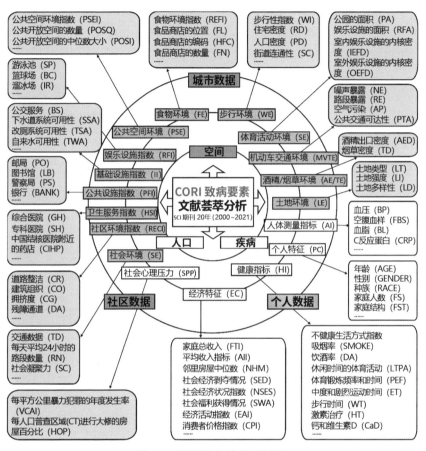

图 1-12 营养代谢疾病与社区的关系

营养代谢疾病

"社区改变生活方式",其主要理论和实践在2000年后才有了较大的发展。这一理论的核心概念是城市社区空间的用地规划混合度低、步行指数低下、出行方式受限、饮食分布不佳、缺乏公共活动空间、建筑运动系统设计欠缺等社区空间"功能"问题影响使用者的使用方式和日常行为轨迹。主要相关疾病包括肥胖症、"三高"、心血管疾病等(图1-12)。

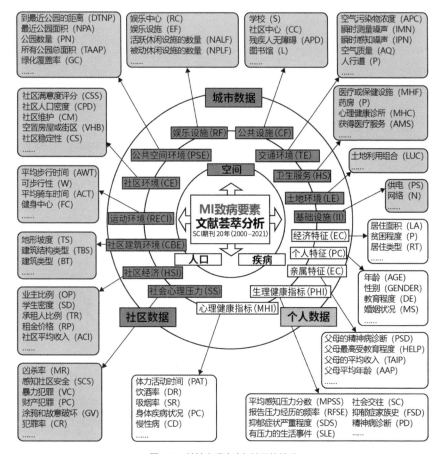

图1-13 精神心理疾病与社区的关系

精神心理疾病

"社区引起心理刺激"的相关理论萌芽于20世纪30年代,在20世纪90年代达到顶峰。这一致病机制的核心理论是社区和建筑空间直接或者间接扮演"心理刺激源"(Mental Stressor)对居民造成不良心理暗示和心理刺激,并进一步引起不适和病症。主要的相关疾病包括压力过大、焦躁、注意力不集中等,严重的甚至会引起抑郁症或自杀倾向(图1-13)。

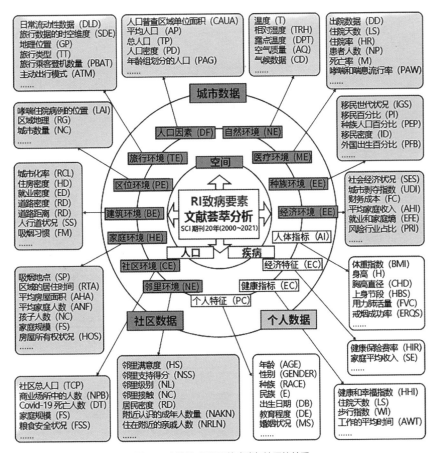

图1-14　过敏和呼吸系统疾病与社区的关系

过敏和呼吸系统疾病

"社区产生致病病原"的理论出现较早。这一致病机制的核心概念是城市社区空间直接通过微环境中的生物、物理、化学等因素产生或者传播致病原，影响大气、水质等室外环境和温度、空气、湿度等室内环境，进而导致使用者患相关疾病。这一致病机制的影响是比较直接的，社区环境因素既可能造成传染性疾病，也可催生出慢性疾病。主要的相关疾病包括呼吸系统和免疫系统疾病，例如过敏、哮喘、各类流感、呼吸系统中毒等（图1-14）。

1.4 社区中促进健康的元素

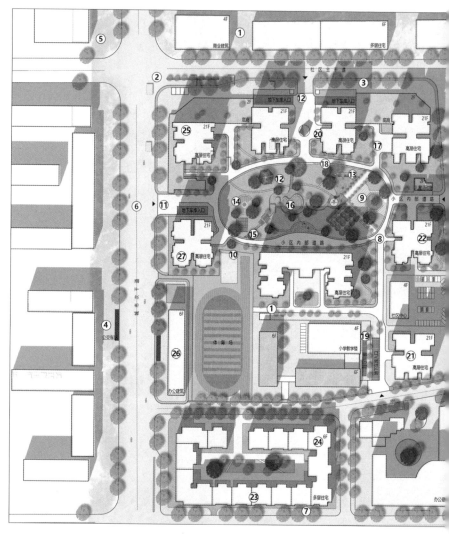

图1-15 防疫社区规划与住宅设计的可能要素

　　社区中的哪些空间元素与居民健康相关？以"平疫结合"为准则，可以从城市设计、社区设计、建筑设计三大维度整理防疫社区规划的20条主要元素，便于评判现存社区空间的健康指标，也为社区健康设计提供参考（图1-15）。

城市设计

1.用地功能混合度高
研究表明用地功能混合度影响居民的肥胖症患病率。社区所在区域用地功能混合度高对居民健康有积极影响。

2.设置自行车/步行专用道
完善的自行车专用道和步行道系统有利于居民选择更健康的方式出行。

3.健康食杂店可达性好
社区内或社区周边健康食品和杂货店的可达性好,有利于居民步行并选择健康食品。

4.公交站点可达性好
社区距离公交、地铁站点较近,有利于居民采取步行或骑行+公共交通的方式出行,从而有利于居民健康。

5.周边设有公园、广场等
社区靠近公园和广场有利于居民短距离外出活动,有利于居民健康。

6.良好的空气质量
良好的空气质量是社区居民保持健康的必要条件,有利于避免各种呼吸系统疾病,也有利居民选择室外活动。

建筑设计

21.良好的电梯环境
减少同部电梯使用人数,可减少疾病传播。

22.建筑凹槽、天井设计
避免建筑凹槽处和天井处形成气流,造成病菌传播。

23.住宅的良好朝向
住宅应朝向、采光良好,避免滋生细菌,也对居民身心健康有利。

24. 管井设计得当
良好的下水道和通风管道的设计有助居民身心健康,也可避免部分传染病通过管井传播。

25. 使用无害建筑材料
使用对人体无害的建筑和装修材料可避免劣质材料给居民带来的健康伤害。

26.鼓励楼梯间的使用
设计得当、采光通风良好的楼梯间有利使用,鼓励走楼梯替代电梯,有助降低肥胖症、高血压等的发病率。

27.住宅内部分区
洁污、干湿分区,不同家庭成员分区有助防疫。

社区设计

7.消除噪声污染
规划中住宅过于靠近公路易受到噪声影响,宜采取措施避免。

8.设置多样低致敏的绿化
多样化的绿化形式和多种类的植物可提高空间景观质量,低致敏性的绿化规避敏感风险。

9.设置健身器材和运动场地
社区内设置健身器材和运动场地,鼓励居民运动健身,有利身体健康。

10.良好的通风
社区规划通风较好有利于住宅自然通风,也可为居民提供良好的室外公共空间。

11.社区封闭式管理
封闭式管理社区对减少犯罪有利,提高居民的安全感有利于居民心理健康。

12.人车分行
行人、自行车、汽车各行其道,有利于安全。

13.社区内设置开放场地
开敞的场地有利于居民进行不同形式的室外活动。

14.设置儿童游戏场地
设置专门的儿童游戏场地有利于社区活跃和儿童健康。

15.设置遮阳设施
场地遮阳设施可促进炎热天气的户外活动。

16.设置丰富的景观
多样化的景观有助居民心理健康。

17.控制容积率
控制小区的容积率有利于避免空间拥挤。

18.设置慢行步道/自行车道
专用慢行步道和自行车道有助于居民体育锻炼和自行车出行。

19.设置自行车停车处
专用自行车停车设施鼓励居民骑行。

20.使用适宜的色彩
良好的色彩设计使居民心情愉悦,有助心理健康。

|2|

健康社区元素图解

2.1 建筑：健康社区的核心元素

建筑是社区空间内的主要元素，本指南将社区内外的主要建筑按照不同使用功能分为住宅、服务、管理等几个类型，从与社区、使用人员的关系及与其作用的角度来定义并图示化。

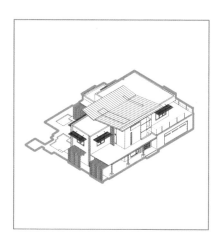

独栋住宅

一般位于城郊或社区内部，是私密性很强的独立式居住空间，主要服务对象为社区内居住者。

多层板楼

一般位于社区内部，是层数为4~6层的住宅，主要服务对象为社区内居住者。

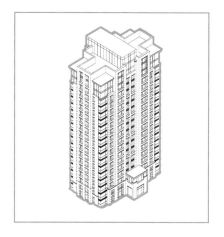

高层板楼

一般位于社区内部，是层数为10层及以上的住宅，南北通透，主要服务对象为社区内居住者。

高层塔楼

一般位于社区内部，与板楼相比每层可容纳户数多，主要服务对象为社区内居住者。

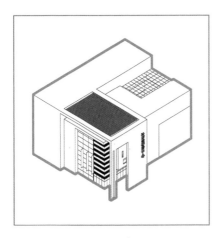

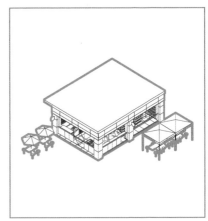

社区服务站

一般位于社区内部，主要为社区内部居住者提供各种生活便利服务。

综合便利店

一般位于社区内部或社区周边，是供社区及周边居民购买必需品及生活用品的综合性服务空间。

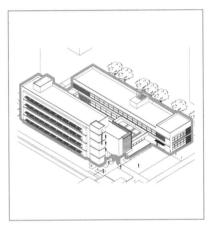

卫生站

一般位于社区内部，是规模较小的基层卫生机构，为社区内的居住者提供基本的医疗和保健服务。

居住区门诊

一般位于社区周边，为社区内部及周边的病人进行初期诊断治疗及基本医疗保健。

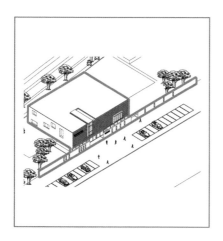

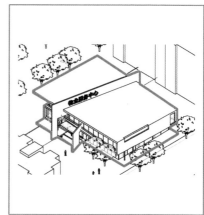

居民委员会

一般位于社区内部，是社区居民进行自我管理、自我教育、自我服务的基层群众性自治组织活动空间。

物业管理

一般位于社区内部，对社区的房屋、卫生、绿化、交通和秩序等进行管理，为社区内居民提供良好的生活服务。

环卫管理站

一般位于社区内部及社区周边，是实施垃圾分类的站点，方便社区居民将生活垃圾分类处理。

街道办事处

一般位于社区所在街道，是我国乡级行政区街道的管理机构，为社区居民提供服务。

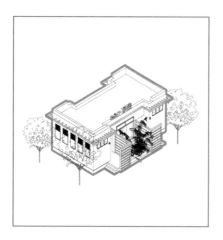

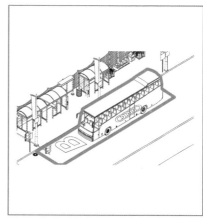

公厕

一般位于社区周边公共建筑（如车站、医院、影院、展览馆、办公楼等）附近，是供城市居民共同使用的厕所。

公交站点

用于乘客候车的公共交通设施，一般由站台、候车亭、站牌架、公共信息牌、休息椅凳等构成，服务于社区居民。

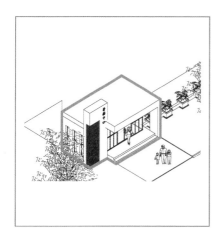

售楼中心

售楼中心即售楼处，一般位于所售楼盘附近，是社区建设完成初期销售楼盘的场所。

公安派出所

一般按街道设立，是具有多功能综合性的公安机关基层组织，管理辖区公共治安、维护社会秩序。

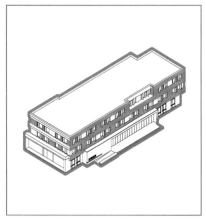

学校

根据教育程度可分为幼儿园、小学、初中、高中和大学，是实施教育、培养人才的场所。

敬老院

是提供养老服务的非营利性组织，服务于不便独自生活的老人，在社区周边常有设置。

医院

是为满足居民需求而设立的专业医疗服务机构，从社区步行15min可达是较为适宜的距离。

文化活动中心

是位于社区内部的综合休闲空间，为居民提供文化、体育、科普等多功能服务，一般服务于社区内的居住者。

2.2 公共空间：居民健康活动场所

　　社区公共空间为居民活动提供公共活动场所，对人健康的影响十分显著。本指南将公共空间分为社区广场、社区健身场地、楼下公园、社区停车场、社区车行道、社区人行道六大类型，采用轴测图与平面图的方式展现。

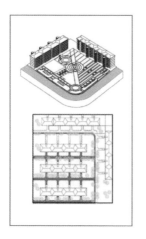 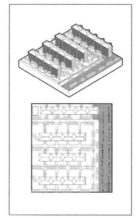 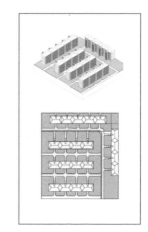

社区广场

指为居民提供散步休息、接触交往等活动的开放空间，位于社区内部。居住者可以进行各种文娱生活，被称为"居民的公共客厅"。

社区健身场地

指社区范围内的体育健身活动中心或公共体育健身器材。有助于社区居住者丰富精神文化生活、提高身体素质。健身场地应开阔，器材应具有安全性、丰富性。

楼下公园

是位于住宅建筑下的小公园，是距离社区内居住者最近的绿地空间。可种植草本植物、灌木等植被，对住区居民健康有一定的促进作用。

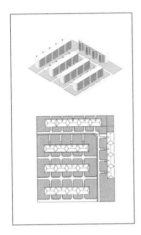

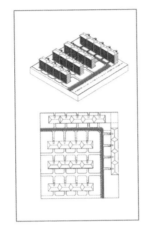

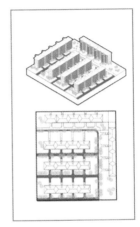

社区停车场

是根据社区规划及建筑配套设置的停车场，专供社区内居民车辆停放，分为露天和室内两种。应提高车位管理水平，保证社区内车辆停放整齐、安全。

社区车行道

是社区内供各种车辆行驶的道路，社区内的车行道宽度根据社区级别一般分为4~9m不等。车行道路面应平坦宽敞，以保证社区内的美观与安全。

社区人行道

指社区内专供行人通行的道路，用路缘石或护栏等加以分隔。根据社区规模有不同宽度，一般为2~4m。人行道路面应平坦美观，以保证舒适与安全。

2.3 植物：社区的健康"净化器"

　　植物因其净化空气、赏心悦目的作用在社区空间中占据着不可小觑的地位，本指南将其作为健康社区的主要元素之一进行定义，将植物分为乔木植物、灌木植物、草本植物，并且举例说明不同类型、不同月份、不同过敏指数的植物在社区中的详细作用。

  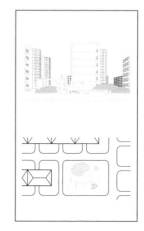

乔木植物

指主干明显而直立，分枝繁盛的木本植物。常见的有圆柏、油松、银杏等。在社区中多作为行道树出现，起到观赏、遮阴等作用。

灌木植物

指无明显主干的木本植物，常见的有大叶黄杨、小叶黄杨、金叶女贞等。在社区中多见于楼下花园、建筑旁等地。

草本植物

指茎内木质部不发达，木质化细胞较少的植物，常见的有三色堇、雏菊、芍药等。在社区中分布较广，主要出现在社区花园中。

北京市宣武艺园全年植物色彩分析图

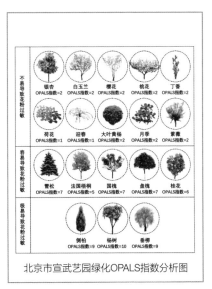

北京市宣武艺园绿化OPALS指数分析图

植物色彩

社区绿化最直观的作用就是通过刺激居民的视觉来感受自然。需保证植物品种的多样性，在社区内不同季节、不同高度都可以观赏到各种各样形态、色彩的植物。

植物过敏指数

绿化可以净化空气、利于肺健康、缓解疲劳，并且能够吸引居民接触自然。需保证社区内种植的树木不会引起居民花粉过敏及其他呼吸疾病、地表所种的花草无毒性可以接近。

2.4 人物：健康社区的使用者

　　人是社区空间的核心，是社区的主要使用者，不同年龄层人群对不同流行疾病的易感性不同。本指南将社区内人群分为五大类，分别是居住人群、物业人群、访客人群、服务人群、穿行人群，各类人群存在不同的流线与停留空间。

访客人群

不居住于该社区但由于多种原因造访社区的人群，包含全年龄层。

居住人群

居住在社区内的人群，包含全年龄层。

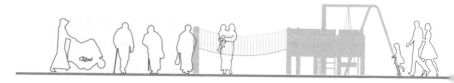

物业人群

维护社区秩序和卫生等的工作人员，包含青年、中年。

人类年龄层与疾病的关系

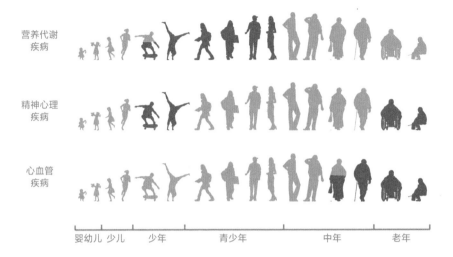

营养代谢
疾病

精神心理
疾病

心血管
疾病

婴幼儿 少儿　少年　　青少年　　　中年　　老年

服务人群

由于社区居民的需求，为提供服务而来的人群，多为青年和中年。

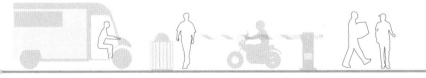

穿行人群

由于通勤等需要穿行社区的人群，包含全年龄层。

2.5 设施：社区的健康配套设计

　　社区空间还存在着许多设施，如大门、围墙、护栏等，它们对社区空间的健康程度起到了完善作用，本指南对各种设施也进行了详细地罗列与分析。

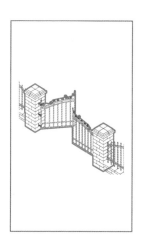

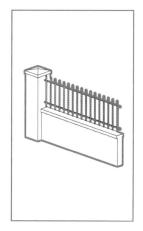

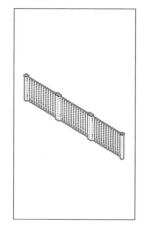

大门

是供人们进出、隔离社区内外人员的设施，起到保护安全的作用。

围墙

指竖直向的空间隔断结构，用来围合、分割或保护社区边界。

护栏

用于住宅、商业区等场所，对居住者及设施起到保护作用。

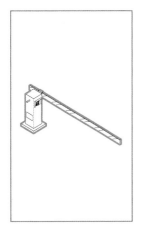

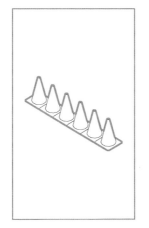

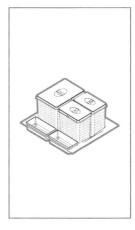

档杆

是用于停车场出入口等地，起到限制车辆通行作用的交通工具。

隔离墩

有水泥、玻璃钢、塑料三种材质，在交通中起到保护作用。

垃圾桶

指装放垃圾的容器，应做到易清洁、与环境相适应。

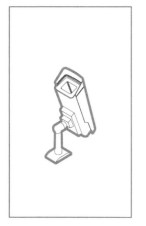

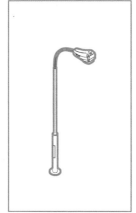

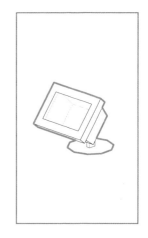

监控

用于安全防卫系统，捕捉监控区内所有画面，保护居民安全。

路灯

指提供照明功能的灯具，是街道及公众场所的照明系统。

地灯

指对地面、地上植被等进行照明的灯具，起到美化、安全的作用。

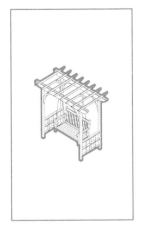

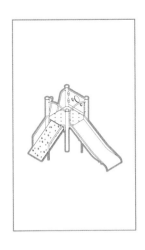

亭台楼阁

社区内部的公共休息空间，起到美化空间、供人们休憩的作用。

公共座椅

为人们提供休息空间，如阅读、下棋、晒太阳、交谈等。

儿童娱乐设施

指社区内供儿童玩耍嬉戏的设施，应尽量达到儿童友好的标准。

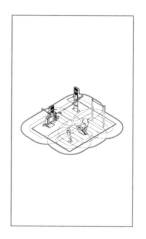

公共健身

指在社区内的体育健身活动中心或公园的体育健身器材。

广告牌

指社区内或周边用于传媒的立牌，应做到美观、贴合社区环境。

路标路牌

是限制或指示道路情况的标志，应位置明显、指示明确。

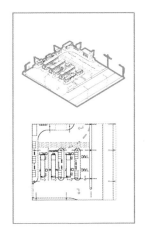

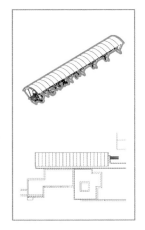

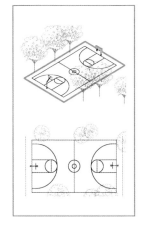

公交首末站

指公交车进行调头、加水
清洁、保养以及夜间存放
的场所。

存车处

指供市民停放自行车的位
置，对环保、便捷出行起
到积极作用。

球场

是进行球类运动的场所，
社区中常用于体育锻炼或
活动比赛。

|3|

—————— 健康社区原则图解

3.1 空间舒适

● 健康住宅评价标准
▲ 健康建筑设计标准
■ WELL健康社区标准

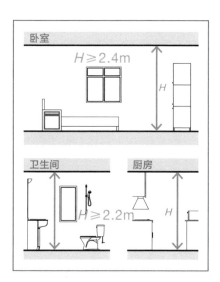
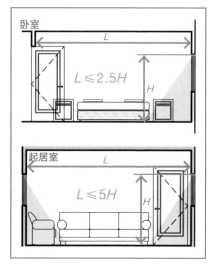

空间净高

● 起居室、卧室的室内净高不低于2.4m，厨房、卫生间净高不低于2.2m。

空间进深

● 起居室、卧室的进深，一侧采光时不超过窗口上沿至地面高度的2.5倍，两侧采光时不超过5倍。

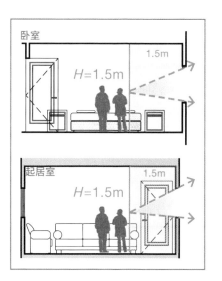

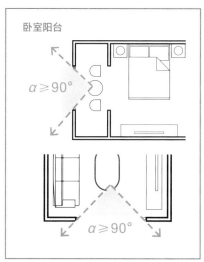

窗前视野

● 住宅室内具有良好视野:

1. 起居室、主要卧室至少1间窗前1.5m的范围内,视点1.5m高度可以看到室外自然景观。

2. 在起居室或卧室的阳台上可以看到室外自然景观的视野宽度不小于90°。

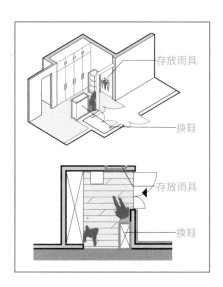

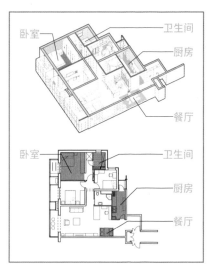

入户空间

- 入户门厅设置换鞋、存放雨具等功能性空间。

无障碍

- 健康住宅满足现行国家标准《无障碍设计规范》GB 50763的相关规定,并符合下列要求:
  1. 套内至少有一个卧室与餐厅、厨房和卫生间在一个无障碍平面上;

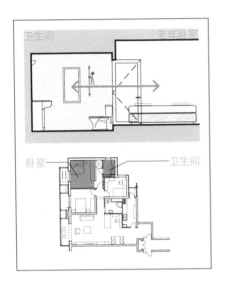

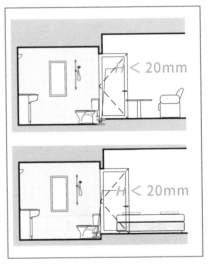

2. 老年人使用的卫生间紧邻其卧室布置;

3. 除楼梯和坡道外,室内地面高差小于20mm。

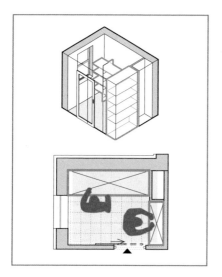

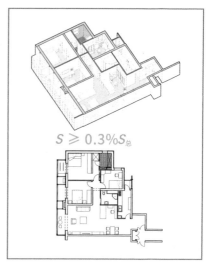

$$S \geq 0.3\%S_{\mathrm{总}}$$

储藏空间

● 住宅设置储藏空间:

1. 套内设计中预留独立的储藏间或在住宅首层、地下室设置分户储藏空间;

2. 独立储藏空间的面积不小于套型建筑面积的3%。

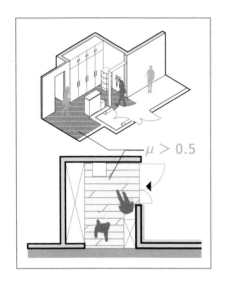

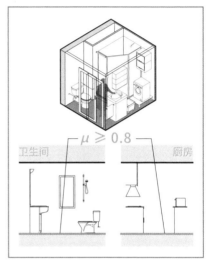

地面防滑

● 地面采用防滑材料，并符合下列要求：

1. 一般空间的地面防滑系数大于 0.5；

2. 卫生间洗浴空间和厨房的地面防滑系数不小于0.8。

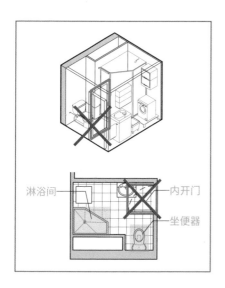

淋浴间 —— 内开门

坐便器

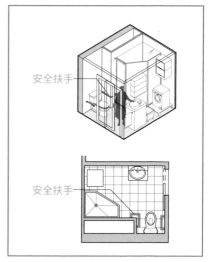

安全扶手

安全扶手

卫生间

● 卫生间采取安全措施:

1. 设置淋浴器、坐便器的卫生间或独
   立隔间不采用内开门;

2. 设置安全扶手。

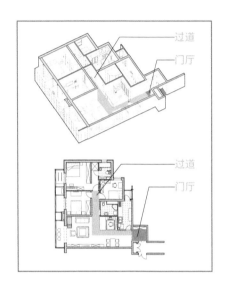

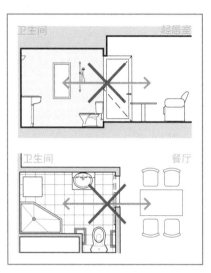

平面布局

● 住宅户内平面布局符合下列要求:

1. 户内设置门厅、过道等过渡性空间;

2. 无前室的卫生间的门不正对餐厅或起居室。

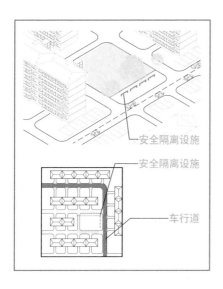

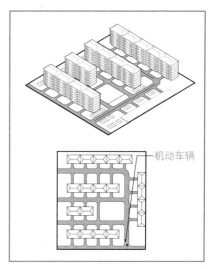

交通环境

● 项目交通环境采取安全措施:

1. 车行道与活动广场之间设置安全隔离设施;

2. 应急服务和社区服务机动车辆能够通达每个楼栋单元入口;

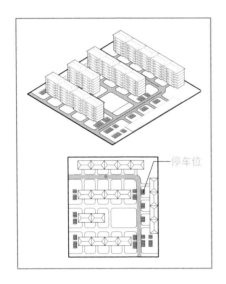

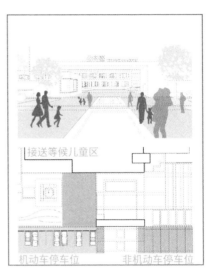

3. 提供方便、舒适的停车环境，停车位数量达到项目住户总数的120%，采用智能停车系统，利用手机App实时推送本小区及周边停车位信息；

4. 项目配套的托幼、小学出入口周边设置非机动车停车位不少于学生总数的10%，机动车停车位不少于学生总数的5%，接送等候儿童的缓冲区域面积不小于200m^2。

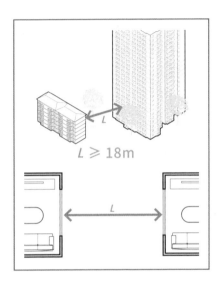

$L \geqslant 18m$

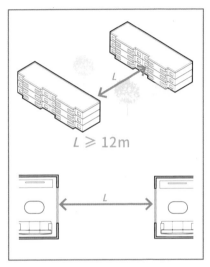

$L \geqslant 12m$

楼栋间距

● 楼栋间距符合下列要求:

1. 多层、高层住宅之间,主要居室直视距离不小于18m;

2. 低层住宅之间,主要居室直视距离不小于12m。

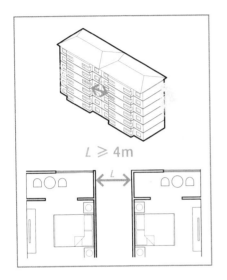

$L \geqslant 4m$

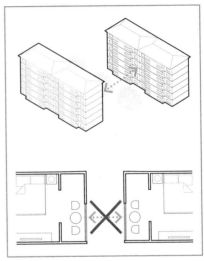

相邻住宅间距

⬤ 避免相邻住户主要居室窗户之间产生
对视：

1. 阳台之间、外凸窗户之间以及阳台
与外凸窗之间的直视距离不小于4m；

2. 采用避免对视的措施。

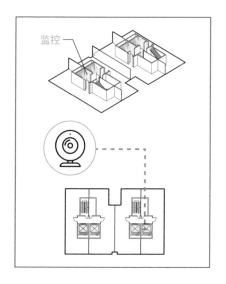

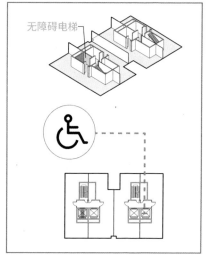

公用电梯

● 公用电梯符合下列要求：

1. 设置安全监控设施；

2. 住宅建筑每单元至少设置1台可容纳担架的无障碍电梯。

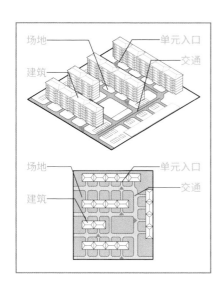

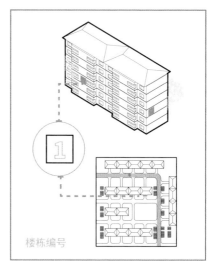

标识清晰

● 住区场所、建筑和设施设置标识，并
符合下列要求：

1. 场地、交通、建筑、单元入口及楼
   层、消防设施、应急疏散的标识昼
   夜可清晰辨识；

2. 建筑至少在两个主要观察方向的立
   面上设置楼栋编号标识。

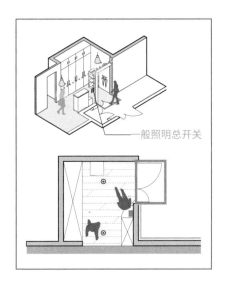
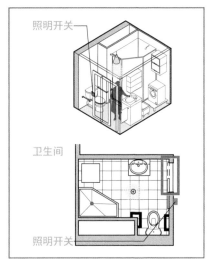

一般照明总开关

照明开关

卫生间

照明开关

开关插座

● 照明开关与电气插座的设置：

  1. 在入口门厅设置一般照明总开关；   2. 卫生间照明开关设置在门外一侧；

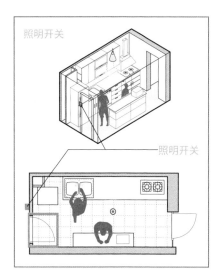

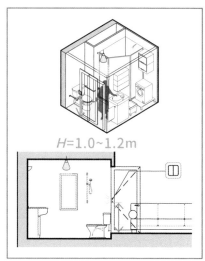

3. 厨房照明开关设置在门外一侧；

4. 照明开关的安装高度距地1.0~ 1.2m，并选用带夜间提示的面板。

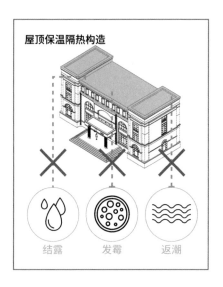

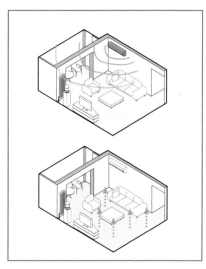

维护环境隔热

● 屋顶和东西外墙隔热性能满足现行国
家标准《民用建筑热工设计规范》GB
50176的相关要求。建筑围护结构内表
面无结露、发霉和返潮现象。

湿热环境指标

● 采用人工冷热源：室内热湿环境评价
等级为 Ⅱ 级，得5分；室内热湿环境评
价等级为 Ⅰ 级，得8分；

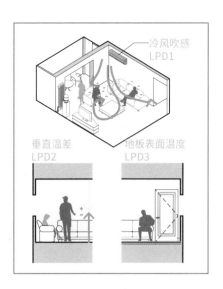

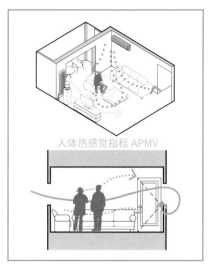

● 人工冷热环境局部评价指标冷吹风感引起的局部不满意率（LPD1）、垂直温差引起的局部不满意率（LPD2）和地板表面温度引起的局部不满意率（LPD3）评价等级为Ⅱ级，得5分；评价等级为Ⅰ级，得8分；

● 建筑具备合理有效的自然通风等被动调节技术措施，在自然状态下室内热湿环境符合人体适应性热舒适的要求。人体预计适应性平均热感觉指标$-1 \leqslant APMV < -0.5$或$0.5 < APMV \leqslant 1$，得10分；人体预计适应性平均热感觉指标$-0.5 \leqslant APMV \leqslant 0.5$，得16分。

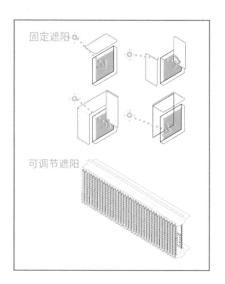

固定遮阳

可调节遮阳

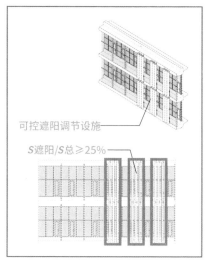

可控遮阳调节设施

S遮阳$/S$总$\geqslant 25\%$

建筑外遮阳

● 设置建筑外遮阳设施:

   1. 设置固定或可调节外遮阳设施;

   2. 可控遮阳调节设施的面积比例不小于外窗透明部分的25%;

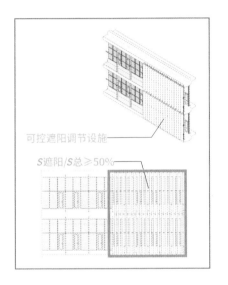

可控遮阳调节设施

$S_{遮阳}/S_{总} \geqslant 50\%$

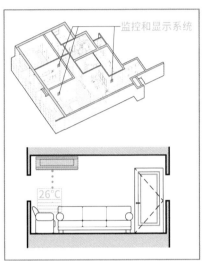

监控和显示系统

26℃

热舒适环境监控

● 住宅室内设有热舒适环境指标监控和
显示系统，并保存完整的数据记录。

3. 可控遮阳调节设施的面积比例不小
于外窗透明部分的50%。

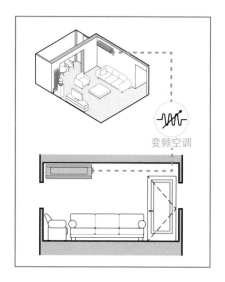

变频空调

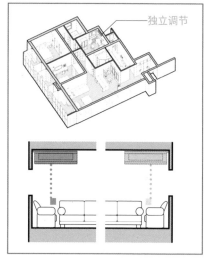

独立调节

采暖空调

● 住宅采暖空调系统的设置:

1. 采用变频空调;

2. 主要功能房间的采暖、空调系统末端设置可独立调节装置。

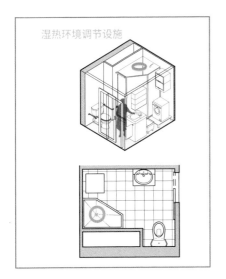

湿热环境调节设施

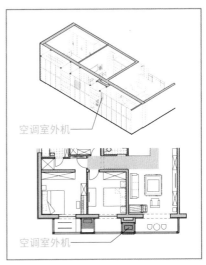

空调室外机

空调室外机

3. 卫生间设置独立的湿热环境调节设施；

4. 空调室外机安装位置对其他住户和环境不产生影响。

3.2 空气环境

- ● 健康住宅评价标准
- ▲ 健康建筑设计标准
- ■ WELL健康社区标准

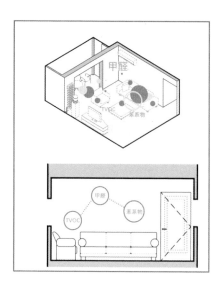

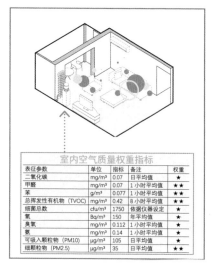

室内空气质量权重指标			
表征参数	单位	指标	备注	权重
二氧化碳	mg/m³	0.07	日平均值	★
甲醛	mg/m³	0.07	1 小时平均值	★★
苯	g/m³	0.077	1 小时平均值	★★
总挥发性有机物（TVOC）	mg/m³	0.42	8 小时平均值	★★
细菌总数	cfu/m³	1750	依据仪器设定	★
氡	Bq/m³	150	年平均值	★
臭氧	mg/m³	0.112	1 小时平均值	★
氨	mg/m³	0.14	1 小时平均值	★
可吸入颗粒物（PM10）	μg/m³	105	日平均值	★
细颗粒物（PM2.5）	μg/m³	35	日平均值	★★

基本指标

● 对室内甲醛、苯系物、TVOC等典型污染物进行浓度预评估。

评分指标

● 优质的室内空气质量要求，按室内空气质量权重指标进行评价。

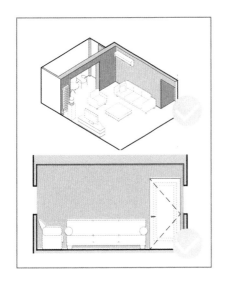

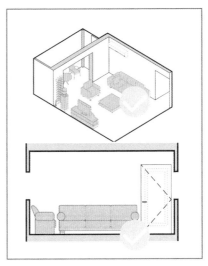

材料

● 建筑材料和室内装饰装修材料的有害物质限值满足现行相关国家和行业标准的要求。

家具

● 室内木家具产品的有害物质限值满足《室内装饰装修材料木家具中有害物质限量》GB 18584的要求，塑料家具的有害物质限值满足《塑料家具中有害物质限量》GB 28481的要求。

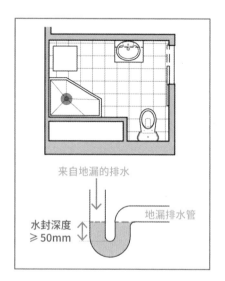

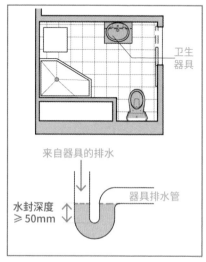

水封

● 1. 卫生间地漏水封深度不小于50mm。

2. 卫生间卫生器具水封深度不小于50mm。

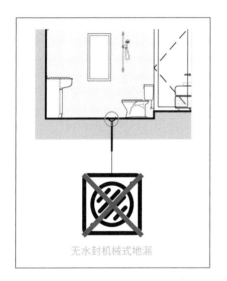

无水封机械式地漏

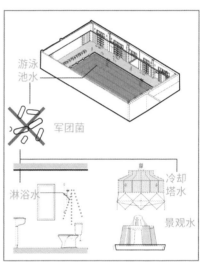

游泳池水

军团菌

淋浴水

冷却塔水

景观水

军团菌控制

3. 不使用不带水封的机械式密封地漏。

● 空调冷却塔水、冷凝水、景观水、淋浴水、游泳池水等不得检出嗜肺军团菌。

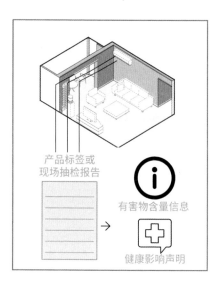

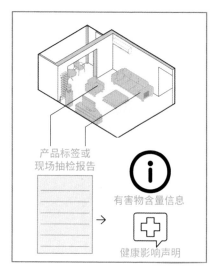

来源追溯

● 1. 建筑材料和室内装饰装修材料来源可溯，具有信息完整的产品标签或现场抽检报告，包含有害物含量信息及健康影响声明。

2. 家具来源可溯，具有信息完整的产品标签或现场抽检报告，包含有害物质含量信息及健康影响声明。

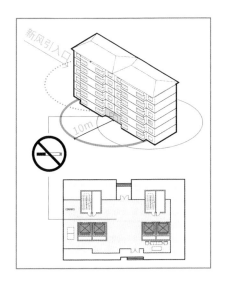

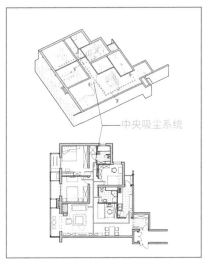

禁止吸烟

中央吸尘

● 在建筑门厅、电梯等公共空间设立明显的禁烟标识；在建筑出入口、可开启窗户、新风引入口周围10m范围内禁止吸烟。

● 住宅设置中央吸尘系统。

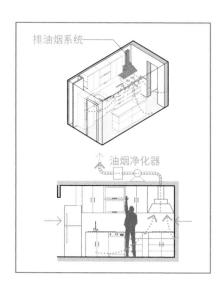

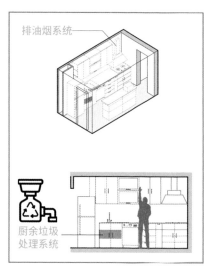

无串味倒灌现象

● 烹饪空间设有排油烟系统，无油烟弥
  漫和串味、倒灌现象。

厨余垃圾处理

● 设有厨余垃圾处理系统。

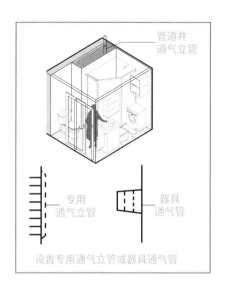

设置专用通气立管或器具通气管

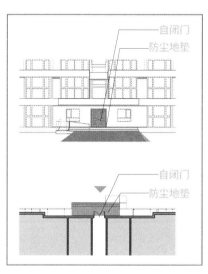

通气系统

● 高层住宅卫生间排水系统设置与每层卫生间通气管相连的专用通气立管，宜增加器具通气管。

建筑入口防尘

● 在公共建筑入口、住宅单元入口设置防尘地垫和自闭门。

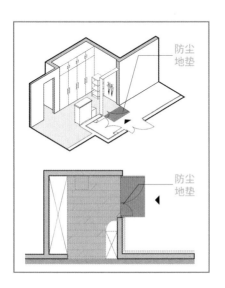

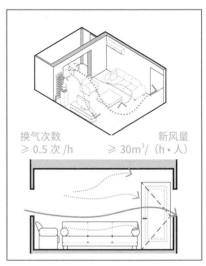

换气次数　　　　　　　新风量
≥ 0.5 次 /h　　　　≥ 30m³/（h・人）

建筑入口防尘

● 在住宅入户门口设置防尘地垫。

室内新风

● 1. 起居空间设计新风量不低于30m³/
（h・人），设计通风换气次数不小
于0.5次/h。

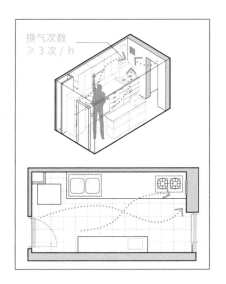

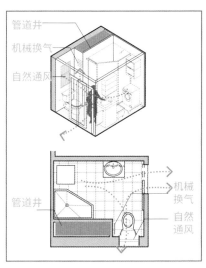

2. 烹饪空间设计换气次数不小于3次/h。

3. 坐便器隔间、盥洗空间或合并功能的卫生间设置机械或自然通风换气装置，设计换气次数不小于5次/h。

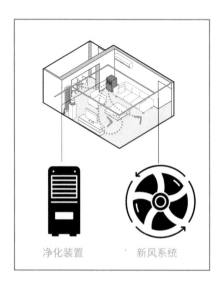

净化装置　　新风系统

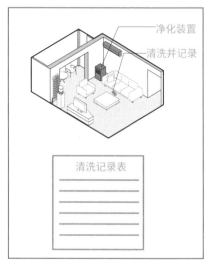

净化装置

清洗并记录

清洗记录表

空气净化

● 住宅室内设置具有空气净化功能的新风系统或净化装置。

设备运行

● 1. 空调、净化和通风等设备有定期清洗设备、管道和风口的制度和记录。

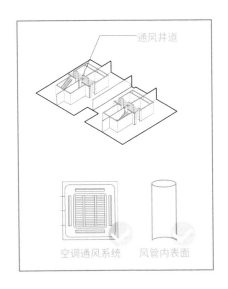

通风井道

空调通风系统　风管内表面

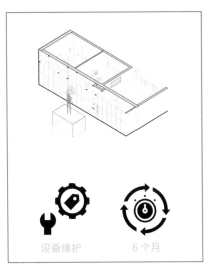

设备维护　6个月

2. 空调通风系统送风及风管内表面的
   卫生要求满足现行行业标准《公共
   场所集中空调通风系统卫生规范》
   WS394的要求。

3. 设备维护周期不大于6个月。

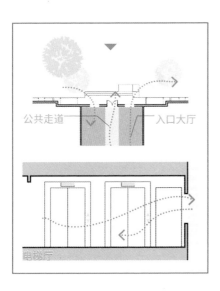

公共走道　　　　　入口大厅

电梯厅

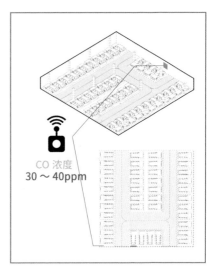

CO 浓度
30 ～ 40ppm

自然通风

- 入口大堂、电梯厅和室内公共走道等
  公共空间，有2个以上的空间具备自然
  通风的条件。

地下车库

- 地下车库设置与排风设备联动的CO浓
  度监控装置，当CO浓度超30～40ppm
  时，排风设备能自动启动。

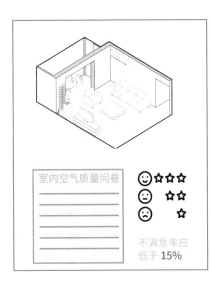

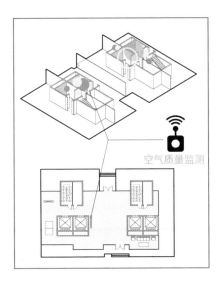

问卷调查

● 对入住后的室内空气质量进行问卷调查，且使用者对不良气味的不满意率应低于15%。

监测系统

● 公共空间具有监测室内空气质量监测系统，系统具有实时显示房间内各污染物浓度、参数越限报警及联动控制等功能。

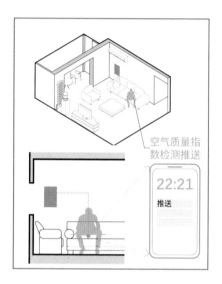

空气质量指
数检测推送

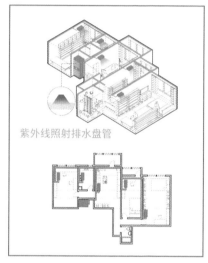

紫外线照射排水盘管

监测系统

● 住宅室内空气质量指数信息可用手机
App等方式定时向住户推送。

微生物和霉菌控制

■ 使用紫外线灯照射暖通空调系统的冷
却盘管、排水盘管表面，并定期检查
清洁，控制霉菌生长。

75%空间
设置可开启窗

可开启窗面积至少为净使用面积的 4%

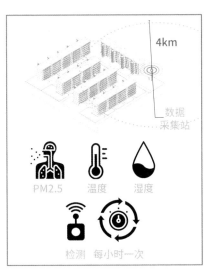

4km

数据
采集站

PM2.5　　温度　　湿度

检测　每小时一次

通风换气

1. 至少75%的常规使用空间设置让室外空气进入的可开启窗。在每一层中，可开启窗面积至少为净使用面积的4%。

2. 建筑附近4公里范围内设置数据采集站，定期检测室外的PM浓度、温度和湿度，至少每小时一次。该监测系统可由项目或另一个实体（例如政府）操作。

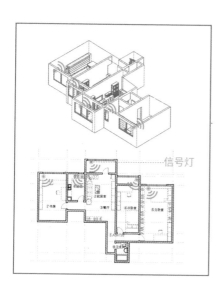

信号灯

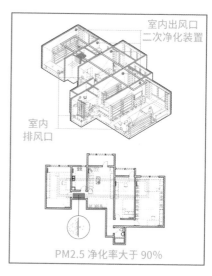

室内出风口
二次净化装置

室内
排风口

PM2.5 净化率大于 90%

通风换气

3. 当外部条件适合打开窗户时，窗户的信号灯（每个带窗房间至少1个）可向常规建筑住户发出信号。

通风系统用空气净化装置

▲ 未设置新风系统的住宅建筑应预留新风系统。新风系统的空气净化装置应具有PM2.5净化功能，PM2.5净化效率不应低于90%。位置宜设置在空气热湿处理设备的进风口处，净化要求高时可在出风口处设置二次净化装置。

3.3 水质环境

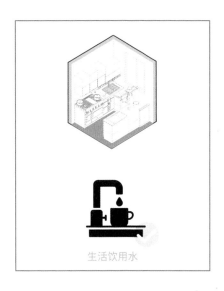

生活饮用水

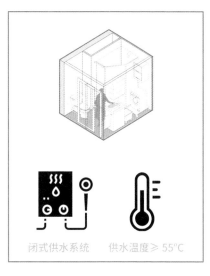

闭式供水系统　　供水温度 ≥ 55℃

生活饮用水

● 生活饮用水供水水质符合现行国家标准《生活饮用水卫生标准》GB 5749的要求，直饮水供水水质符合现行行业标准《饮用净水水质标准》CJ 94的要求。

生活热水

● 1. 生活热水系统供水温度不低于55℃，设置抑菌杀菌措施，热水系统采用闭式系统。

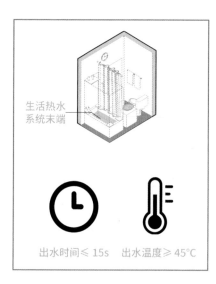

生活热水
系统末端

出水时间≤ 15s　　出水温度≥ 45℃

定期清洗记录　　供水维护制度

生活热水

● 2. 生活热水系统末端出水温度不低
于45℃，出水时间小于15s。

3. 生活热水系统有定期清洗和维护
制度。

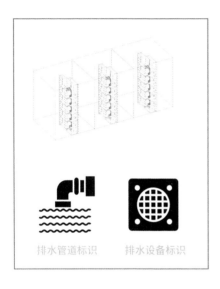

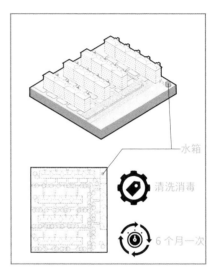

标志清晰

● 各类给排水管道和设备设置明确、清晰的标识，用以防止误接，并采取措施防止误饮、误用。

水池水箱维护

● 建立开式供水系统维护管理制度，并每半年对水池水箱清洗消毒1次。

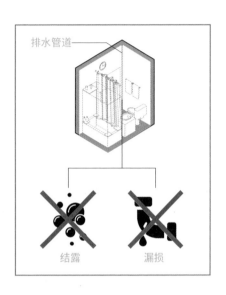

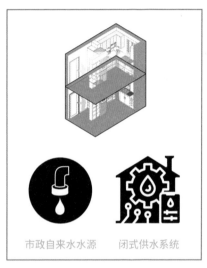

管道维护

● 给排水管道无结露和漏损现象。

闭式供水系统

● 采用市政自来水水源时，建筑应采用闭式供水系统。

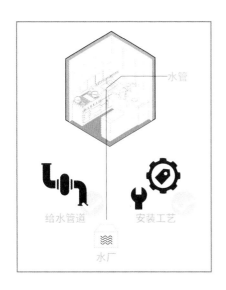

水管

给水管道　安装工艺

水厂

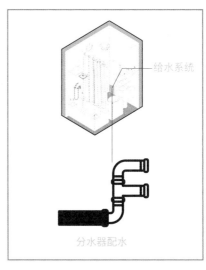

给水系统

分水器配水

输送管道

● 生活饮用水系统采用优质的给水管
　道和安装工艺，没有二次污染。

卫生间给水系统

● 卫生间给水系统设置分水器配水的
　方式。

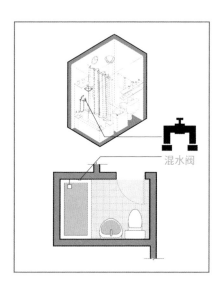

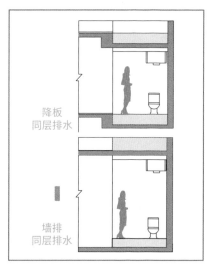

降板
同层排水

墙排
同层排水

混水阀

淋浴器

● 淋浴器设置恒温混水阀。

排水系统

● 卫生间采用降板方式实现同层排水方式，并采用整体式淋浴盘；或采用墙排方式实现同层排水方式，并采用装配式墙面。

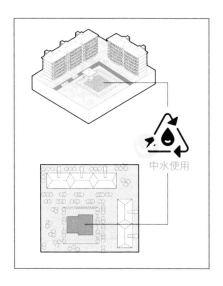

中水使用

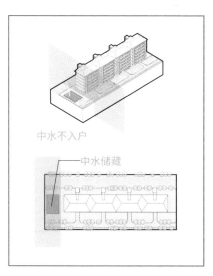

中水不入户

中水储藏

中水使用安全

● 用于景观的中水水质符合现行国家标准《城市污水再生利用景观环境用水水质》GB／T 18921的要求。用于绿化浇灌的中水水质符合现行国家标准《城市污水再生利用城市杂用水水质》GB／T 18920的相关要求。

中水不入户

● 中水等非传统水源不进入住宅户内用水系统。

3.4 声环境

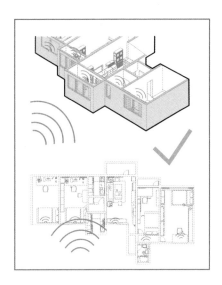

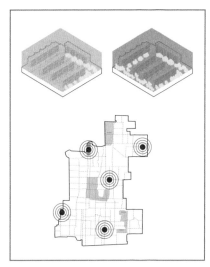

室外噪声指标

● 建筑室外环境噪声值符合现行国家标准《声环境质量标准》GB 3096对应的声环境功能区要求。

声环境规划

● 项目有声环境专项规划，并进行声环境预评估。

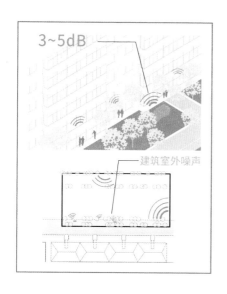

3~5dB

建筑室外噪声

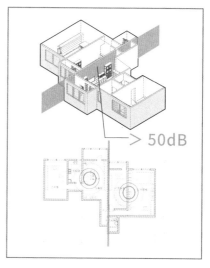

> 50dB

声环境质量提升

● 建筑室外环境噪声值低于现行国家标准《声环境质量标准》GB 3096所在声环境功能区限值要求3~5dB之间为中等，5dB以上为最佳。

分户隔声

● 分户墙和楼板的空气隔声性能，其计权隔声量与粉红噪声频谱修正量之和（Rw + C）>50dB，计权标准化声压级差与粉红噪声频谱修正量之和（DnT，w + C）≥50dB。

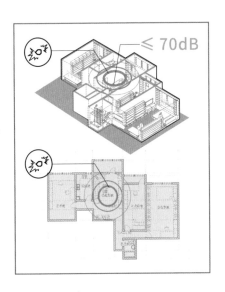

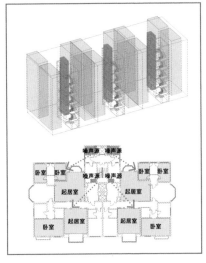

分户隔声

● 分户楼板计权标准化撞击声隔声压级
L'nT，w≤70dB的要求。

设备隔声

● 公共设施设备，如变压器、水泵、风机、冷却机组、供热机组等噪声源不与卧室、起居室等噪声敏感房间毗邻。

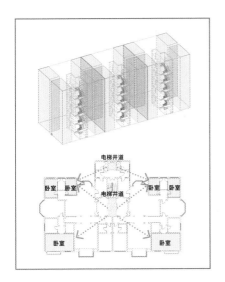

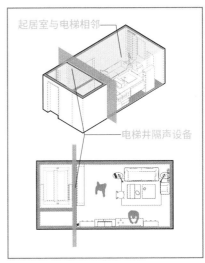

电梯布置

● 1. 电梯井道不紧邻卧室布置。

2. 电梯紧邻起居室布置时，采取的隔声和减振措施有效。

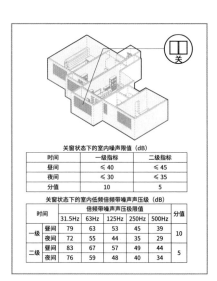

关窗状态下的室内噪声限值（dB）

时间	一级指标	二级指标
昼间	≤ 40	≤ 45
夜间	≤ 30	≤ 35
分值	10	5

关窗状态下的室内低频倍频带噪声声压级（dB）

时间		倍频带噪声声压级限值（dB）					分值
		31.5Hz	63Hz	125Hz	250Hz	500Hz	
一级	昼间	79	63	53	45	39	10
	夜间	72	55	44	35	29	
二级	昼间	83	67	57	49	44	5
	夜间	76	59	48	40	34	

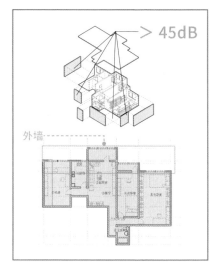

外墙

室内噪声指标

● 关窗状态下，卧室、起居室、书房等
室内噪声级和低频倍频带噪声声压级
符合上表的指标要求。

围护结构隔声指标

● 住宅建筑的外墙、外窗、户门、分户
墙、楼板的空气声隔声和楼板撞击声
隔声符合下列指标要求：
1. 外墙的空气声隔声性能，其计权隔
   声量与交通噪声频谱修正量之和应
   满足（Rw + Ctr）＞45dB；

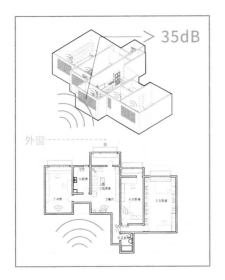

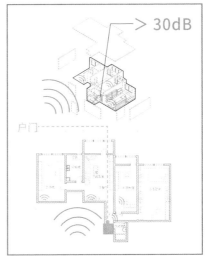

2. 外窗的空气声隔声性能，其计权隔声量与交通噪声频谱修正量之和应满足（Rw＋Ctr）＞35dB；

3. 户门的空气声隔声性能，其计权隔声量与粉红噪声频谱修正量之和应满足（Rw＋C）＞30dB；

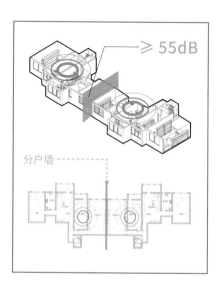

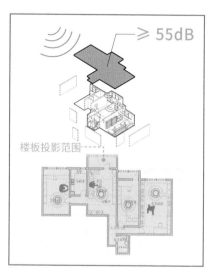

围护结构隔声指标

4. 分户墙的空气声隔声性能，其计权隔声量与粉红噪声频谱修正量之和应满足（Rw + C）> 55dB，计权标准化声压级差与粉红噪声频谱修正量之和应满足（DnT, w + C）≥ 55dB;

5. 楼板的空气声隔声性能，其计权隔声量与粉红噪声频谱修正量之和应满足（Rw + C）> 55dB，计权标准化声压级差与粉红噪声频谱修正量之和应满足（DnT, w + C）≥ 55dB;

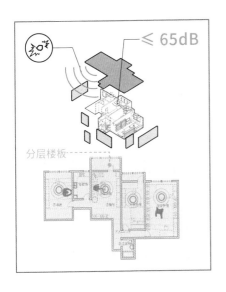

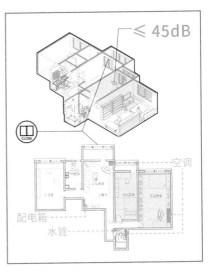

设施噪声指标

6. 分层楼板计权标准化撞击声隔声压级应满足DnT，w≤65dB。

● 在门窗关闭的状态下，卫生器具、给排水管道（包括雨水管道）、排风排气装置等设备在卧室中产生的瞬时噪声不大于45dB。

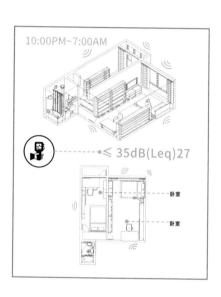

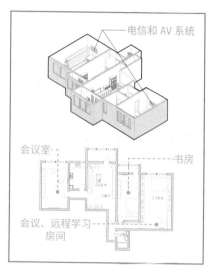

背景噪声

■ 适用于住宅单元：在至少12h时间段内（必须包括晚上10点至早上7点之间的时段）测量的卧室平均背景噪声等级不超过35dB（Leq）27。

语音清晰度

■ 适用于所有空间：所有用于会议、远程学习或类似远程通信的房间均安装使用语音增强技术的电信和AV系统，并委托音频工程专业人士安装。

3.5 光环境

● 健康住宅评价标准
▲ 健康建筑设计标准
■ WELL健康社区标准

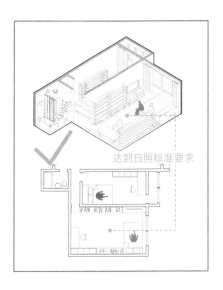

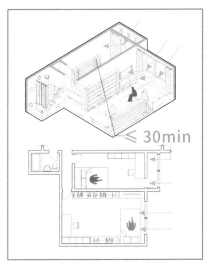

日照指标

● 住宅日照指标符合现行国家标准《城市居住区规划设计规范》GB 50180的相关规定。每套住宅有1个居室（4居室以上户型有2个居室）达到日照标准要求。

太阳反射光控制

● 住宅主要居室窗台面受太阳反射光连续影响时间不应超过30min。

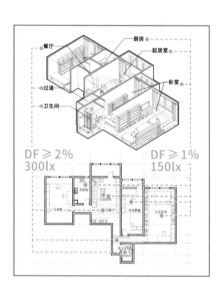

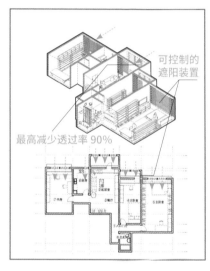

采光指标

● 1. 采光系数标准值：起居室、卧室、
  厨房≥2%，卫生间、过道、餐
  厅、楼梯间≥1%；

2. 室内天然光照度标准值：起居室、
  卧室、厨房300lx，卫生间、过
  道、餐厅、楼梯间150lx。

眩光防护

● 1. 可控制的遮阳装置；

2. 透过率可控制的玻璃，最高可减少
  90%透过率。

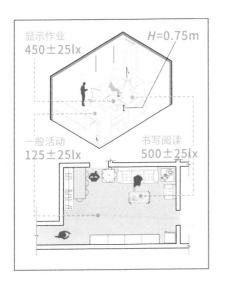

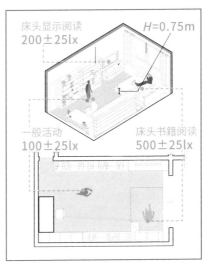

舒适照度

1. 起居室的一般活动、书写阅读、显示作业的参考平面高度都为0.75m水平面，舒适照度分别为125±25lx、500±25lx、450±25lx；

2. 卧室的一般活动、床头阅读（书籍）、床头阅读（显示）的参考平面高度都为0.75m水平面，舒适照度分别为100±25lx、500±25lx、200±25lx；

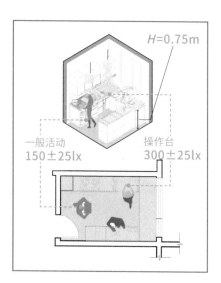

一般活动
150±25lx

操作台
300±25lx

H=0.75m

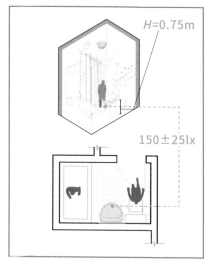

H=0.75m

150±25lx

舒适照度

● 3. 厨房的一般活动、操作台的参考平面高度为0.75m水平面和台面，舒适照度分别为150±25lx、300±25lx；

4. 卫生间的参考平面高度都为0.75m水平面，舒适照度为150±25lx；

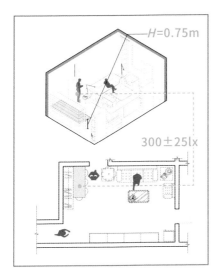

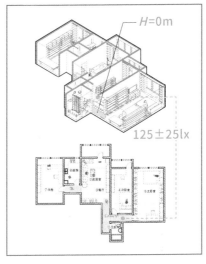

5. 餐厅的参考平面高度都为0.75m水平面，舒适照度为300±25lx；

6. 走道、楼梯间的参考平面高度为地面，舒适照度为125±25lx。

白天相关色温
3300 ～ 5000K

白天相关色温----
3300 ～ 5000K

夜间相关色温
< 3300K

夜间相关色温----
< 3300K

照明舒适度

● 室内照明的色温、眩光、显色性和频
闪等指标：

1. 起居室一般活动、卧室一般活动、
   卧室床头阅读、卫生间、电梯前
   厅、走道、楼梯间、车库白天相关
   色温3300～5000K，色表特征中间；

2. 夜间相关色温 < 3300K，色表特
   征暖；

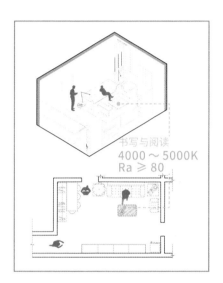

书写与阅读
4000～5000K
Ra ≥ 80

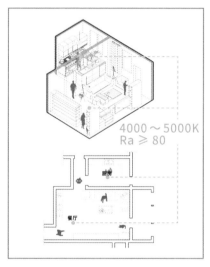

4000～5000K
Ra ≥ 80

3. 起居室书写与阅读、白天和夜间
的相关色温均为4000～5000K，
色表特征均为中间；舒适照明显
色指数Ra≥80，频闪50kHz，波
动深度＜30%；

4. 餐厅、厨房白天和夜间的相关色
温均为4000～5000K，色表特
征均为中间；舒适照明显色指数
Ra≥80，频闪50kHz，波动深
度＜30%。

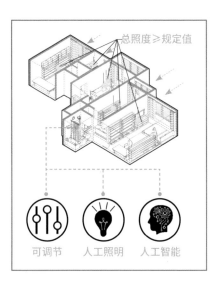

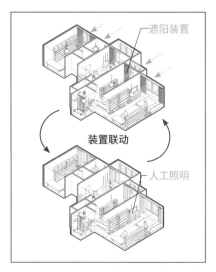

照明调节

● 住宅室内白天照明控制系统可按需进
  行调节:

  1. 可自动调节的人工照明照度,调节
     后的人工照明和天然采光的总照度
     不低于各采光区域规定的室内采光
     照度值;

  2. 人工照明控制系统与遮阳装置
     联动。

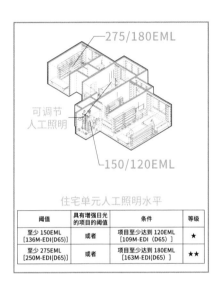

275/180EML

可调节
人工照明

150/120EML

住宅单元人工照明水平

阈值	具有增强日光的项目的阈值	条件	等级
至少 150EML [136M-EDI(D65)]	或者	项目至少达到 120EML [109M-EDI（D65）]	★
至少 275EML [250M-EDI(D65)]	或者	项目至少达到 180EML [163M-EDI（D65）]	★★

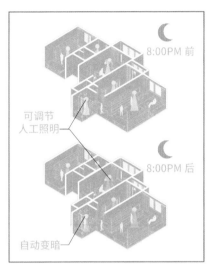

8:00PM 前

可调节
人工照明

8:00PM 后

自动变暗

人工照明

▨ 每个住宅单元要满足下列要求：

1. 采用人工照明以获得上表所示光照水平；

2. 光照水平可调节；

3. 光照水平可调节若采用自动照明，则在晚上8:00PM之后自动变暗；

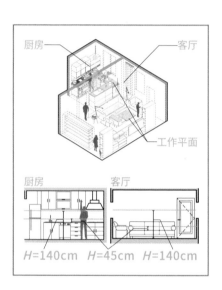

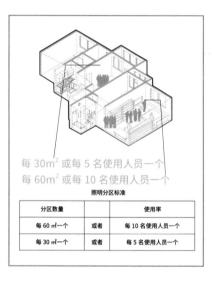

每 30m² 或每 5 名使用人员一个
每 60m² 或每 10 名使用人员一个

照明分区标准

分区数量		使用率
每 60 ㎡一个	或者	每 10 名使用人员一个
每 30 ㎡一个	或者	每 5 名使用人员一个

人工照明

■ 4. 在客厅和厨房房间中央140cm高度处，获得光照水平。若存在工位，则可在工作平面上方45cm高度处获得光照水平。

环境照明

■ 1. 所有常用空间包含上表所示的照明分区。（注释：小于上表所示面积和/或使用率低于表中所列的独立房间被视为独立分区）

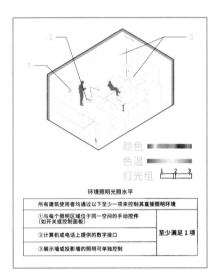

颜色

色温

灯光组   1 2 3

环境照明光照水平

所有建筑使用者均通过以下至少一项来控制其直接照明环境	
①与每个照明区位于同一空间的手动控件 (如开关或控制面板)	
②计算机或电话上提供的数字接口	至少满足 1 项
③展示墙或投影墙的照明可单独控制	

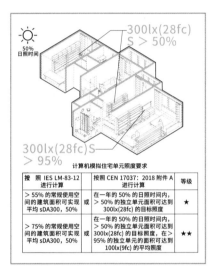

☀ 50%
日照时间

300lx(28fc)
S > 50%

300lx(28fc)S
> 95%

计算机模拟住宅单元照度要求

按 照 IES LM-83-12 进行计算		按照 CEN 17037: 2018 附件 A 进行计算	等级
> 55% 的常规使用空间的建筑面积可实现平均 sDA300,50%	或	在一年的 50% 的日照时间内,> 50% 的独立单元面积可达到 300lx(28fc)的目标照度	★
> 75% 的常规使用空间的建筑面积可实现平均 sDA300,50%	或	在一年的 50% 的日照时间内,> 50% 的独立单元面积可达到 300lx(28fc)的目标照度,在 > 95% 的独立单元的面积可达到 100lx(9fc) 的平均照度	★★

2. 至少具有3个光照水平或考虑到光照水平变化的场景,并且有能力至少更改以下其中一项:
a. 颜色; b. 色温; c. 通过控制不同的灯光组或通过预设场景来进行灯光分配。

3. 项目通过计算机模拟证明符合以下条件:每个住宅单元均满足上图其中一项目标。

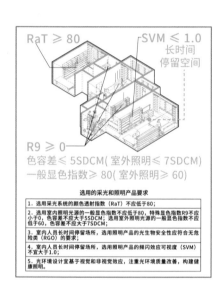

RaT ≥ 80

SVM ≤ 1.0
长时间
停留空间

R9 ≥ 0
色容差≤ 5SDCM(室外照明≤ 7SDCM)
一般显色指数≥ 80(室外照明≥ 60)

选用的采光和照明产品要求

1．选用采光系统的颜色透射指数（RaT）不应低于80；

2．选用室内照明光源的一般显色指数不应低于80，特殊显色指数R9不应小于0，色容差不应大于5SDCM；选用室外照明光源的一般显色指数不应低于60，色容差不应大于7SDCM；

3．室内人员长时间停留场所，选用照明产品的光生物安全性应符合无危险类（RGO）的要求；

4．室内人员长时间停留场所，选用照明产品的频闪效应可视度（SVM）不宜大于1.0；

5．光环境设计宜基于视觉和非视觉效应，注重光环境质量改善，构建健康照明。

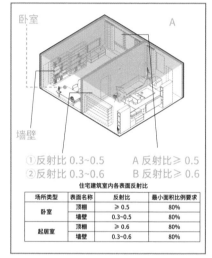

卧室

A

墙壁

①反射比 0.3~0.5   A 反射比≥ 0.5
②反射比 0.3~0.6   B 反射比≥ 0.6

住宅建筑室内各表面反射比

场所类型	表面名称	反射比	最小面积比例要求
卧室	顶棚	≥ 0.5	80%
	墙壁	0.3~0.5	80%
起居室	顶棚	≥ 0.6	80%
	墙壁	0.3~0.6	80%

环境照明

▲ 选用的采光和照明产品应符合上图规定。

表面反射

▲ 室内各表面反射比应符合下列规定：住宅建筑室内表面反射比宜符合上表所示的规定。

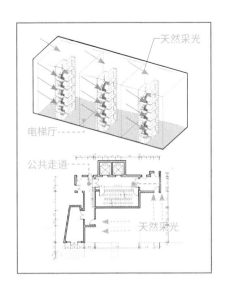

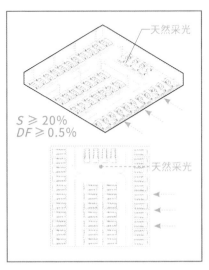

$S \geqslant 20\%$
$DF \geqslant 0.5\%$

公共空间采光

● 1. 电梯厅、公共走道等公共空间采用天然采光;

2. 地下室或停车库采用天然采光,且地下室或停车库20%以上面积的采光系数不小于0.5%。

老年人活动区域照
度＝1.2~1.5 室内照度

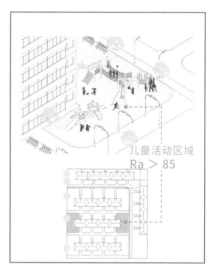

儿童活动区域
Ra＞85

老年人与儿童照明

● 1. 老年人活动区域的照度值是室内舒
适照度指标的1.2～1.5倍范围；

2. 儿童活动区域照明显色指数Ra在
85以上。

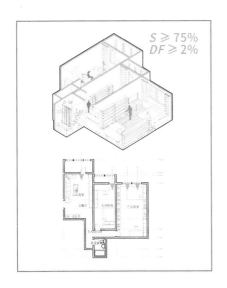

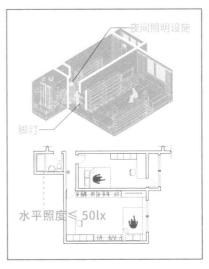

大进深空间采光

● 大进深的起居室或卧室75%以上面积
的采光系数不小于2%。

过道照明

● 住宅卧室至卫生间之间的过道设置夜
间照明设施，如脚灯，夜间生理等效
照度水平照度不高于50lx。

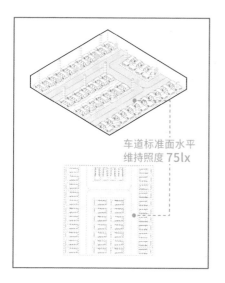

车道标准面水平
维持照度75lx

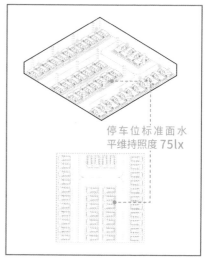

停车位标准面水
平维持照度75lx

地下车库照明

● 1. 车道标准面水平维持照度75lx;　　　2. 停车位标准面水平维持照度75lx。

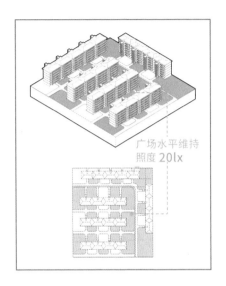

广场水平维持
照度 **20lx**

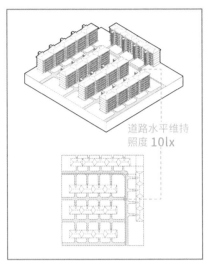

道路水平维持
照度 **10lx**

室外安全照度

● 1. 广场标准面水平维持照度20lx；

2. 道路标准面水平维持照度10lx；

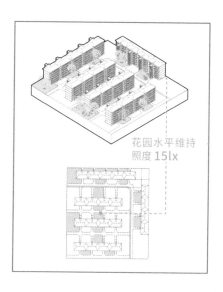

花园水平维持
照度 15lx

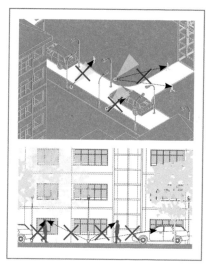

室外安全照度

●3. 花园标准面水平维持照度15lx。

夜间眩光控制

●1. 不对行人和驾驶员造成眩光;

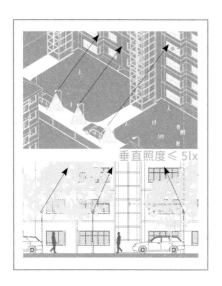

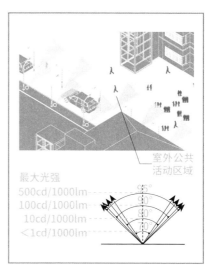

2. 在住宅窗户外表面上产生的垂直照度不高于5lx;

3. 室外公共活动区域的眩光限值:角度范围 ≥ 70°,最大光强 500cd/1000lm、角度范围 ≥ 80°,最大光强 100cd/1000lm、角度范围 ≥ 90°,最大光强 10cd/1000lm、角度范围 ≥ 95°,最大光强 < 1cd/1000lm。

3.6 热环境

● 健康住宅评价标准
▲ 健康建筑设计标准
■ WELL健康社区标准

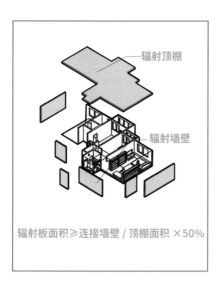

辐射顶棚

辐射墙壁

辐射板面积≥连接墙壁/顶棚面积×50%

$H \geqslant 0.3m$
$H \leqslant 1.8m$

至少 70% 可开启窗

辐射热舒适

■ 住宅至少50%的常用项目建筑面积通过下述方式中的一种或多种方式供暖或制冷：
   1. 辐射顶棚、墙壁或地板。
   2. 辐射板覆盖其所连接的墙壁或顶棚的至少一半（不包括蒸汽散热器）。

增加可开启窗

■ 1. 至少70%的可开启窗，其开口至少有一半面积位于完工地面上方1.8m之内，且开口短边尺寸至少为0.3m。每个房间至少有一扇满足上述要求的可开启窗。

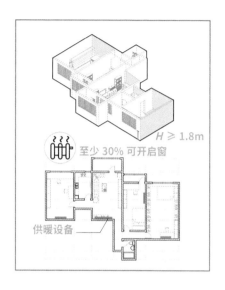

至少 30% 可开启窗

$H \geqslant 1.8m$

供暖设备

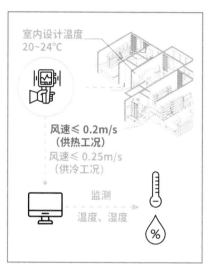

室内设计温度
20~24℃

风速 ≤ 0.2m/s
（供热工况）

风速 ≤ 0.25m/s
（供冷工况）

监测

温度、湿度

室内热环境设计

2. 如果项目配备了供暖设备，则至少30%的可开启窗，其所有开口面积至少在完工地面上方1.8m以上（最好尽可能靠近顶棚）。每个房间至少有一扇满足上述要求的可开启窗。

▲ 室内设计温度、湿度应满足下列要求：

1. 主要房间供暖室内设计温度应采用20~24℃；

2. 人员长期逗留区域空调室内设计参数应符合相关规定。

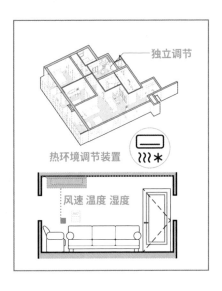

独立调节

热环境调节装置

风速 温度 湿度

地面辐射供暖

卧室

空调不宜直吹床头

室内热环境设计

▲3. 主要功能房间的供暖、空调应设置
　具有现场独立控制的热环境调节装
　置，应具有温度调节功能，宜具有
　风速、湿度等调节功能。

室内空调

▲ 托儿所、幼儿园、老年人照料设施等
　建筑的主要功能房间宜采用地面辐射
　供暖，卧室空调送风不应直吹床头。

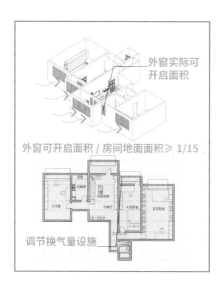

外窗实际可
开启面积

外窗可开启面积 / 房间地面面积 ≥ 1/15

调节换气量设施

自然通风

热湿环境评价等级
不宜低于 II 级

通风换气

▲ 应合理布置建筑平面布局，人员主要
活动空间引入自然通风，应满足以下
要求：

1. 住宅建筑主要房间外窗的实际可开
   启面积，不应小于所在房间地面面
   积的1/15，并应采取可调节换气量
   的措施；

2. 室内设计时宜计算自然通风时
   的预计适应性平均热感觉指标
   （APMV），热湿环境评价等级不宜
   低于 II 级。

3.7 食品环境

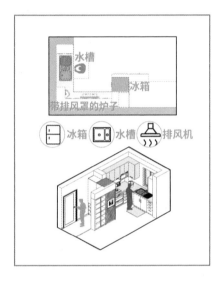

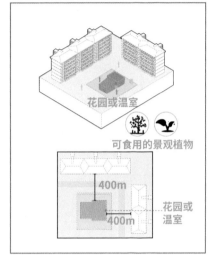

食品准备

■ 住宅单元提供以下支持性便利施:

1. 操作台面;

2. 水槽;

3. 冰箱;

4. 柜子;

5. 直接排气至户外的带排风罩的炉子。

食品生产

■ 住宅单元应在步行距离距项目边界400m范围内提供一个永久的可出入的食物生产空间,该空间满足以下要求:

1. 可食用植物的花园或温室;

2. 可食用的景观植物(例如果树、草本植物等);

3. 水培或雾培养殖系统。

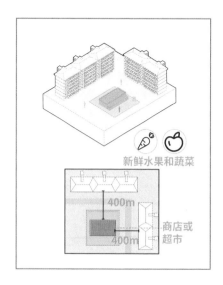

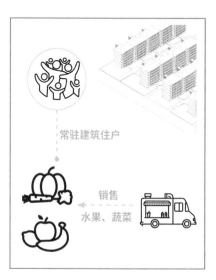

食品环境

■ 本项目距离下列任何一个地点均有400m的步行距离：

1. 有新鲜水果和蔬菜区的超市或商店；

2. 农贸市场（每周至少开放1次，1年至少营业4个月）。

■ 满足下列一项要求：

1. 每年至少4个月，每月至少2次向常驻建筑住户运送水果和蔬菜；

2. 1年中至少有4个月的时间，通过食品车或摊位、流动摊位等方式销售水果和蔬菜。

3.8 电磁环境

● 健康住宅评价标准
▲ 健康建筑设计标准
■ WELL健康社区标准

机电系统设备选型与场所对应表

序号	场所位置	机电系统主要设备
1	各监控中心、设备间、电气竖井和设备现场	不间断电源 UPS 装置
2	电梯机房、制冷机房、生活水泵房	主要电动机和控制系统设备、变频调速装置
3	消防、安防控制中心及各系统值班室	大屏幕、控制台
4	变配电室、发电机房、配电间、电气竖井等	主要电力与电子设备、应急电源 EPS 装置
5	整流、逆变机房	整流器、逆变器、开关电源

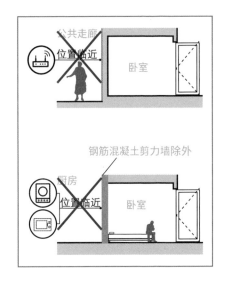

电磁环境

▲ 电磁兼容设计中,应明确机电系统设备选型与电磁兼容相关的设计要求,应包括上表中列出的场所和设备,以及与其相邻环境。

▲ 电磁波防护设计的基本要求包括:

1. 公共走廊及休闲区域的无线路由器不应设在与卧室相邻的墙壁上;

2. 当餐厅、厨房有相邻的卧室时,应避免在厨房或餐厅内与卧室床头相邻的一侧设计电磁灶、微波炉等大功率电磁涡流发热类型的家电产品,相邻隔墙是钢筋混凝土剪力墙时除外。

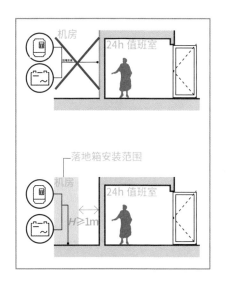

3. 建筑中设置24h监控值班的休息室，与值班休息室墙壁相邻的机房或控制室墙壁上应避免采用挂墙安装方式设置变频器、逆变器等大功率电子设备，采用落地箱安装上述装置时，也应与相邻休息室的墙壁保持不小于1m的间距。

4. 与变配电室变压器相邻房间和上下层房间，不应设计为人员长期工作或休息的房间。

3.9 健康促进

● 健康住宅评价标准
▲ 健康建筑设计标准
■ WELL健康社区标准

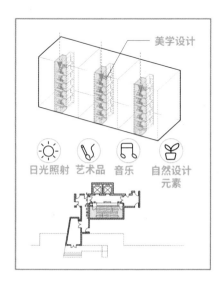

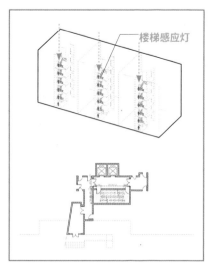

鼓励使用楼梯

■ 设计具有美感的楼梯，适用于所有空间：
1. 音乐；
2. 艺术品；
3. 有人使用时，光照至少为215lx；
4. 可提供日光照射的窗户或天窗；
5. 自然设计元素；
6. 游戏化。

▲ 应设置便于日常使用的楼梯，并应满足下列要求：
楼梯间应设有人体感应灯。

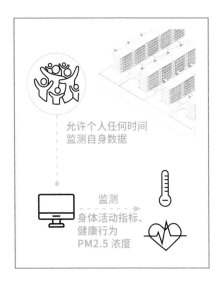

允许个人任何时间
监测自身数据

监测
身体活动指标、
健康行为
PM2.5 浓度

室外健身场地面积≥总用地
面积 ×0.5%

健身场所

■ 项目向所有符合下列要求的正式员工
提供可穿戴设备（如可穿戴健身追
踪器）：

1. 允许个人任何时间监测自身指标
   （即提供汇总各个指标的仪表板）；

2. 监测至少2项身体活动指标（如步
   数、爬楼层数、活动时间）；

3. 监测至少1项额外的健康行为（如
   正念、锻炼、睡眠）。

▲ 场地内应设置室外健身场地，并宜满
足下列要求：

住宅建筑室外健身场地面积不应少
于总用地面积的0.5%，且不应少于
$100m^2$。

平整、开阔、不宜坡度过大

安全抓杆　　防滑铺装

健身场所

▲ 室外健身场地选址应满足下列要求：

1. 选址应结合用户人群特点充分考虑
   项目场地的地形，选择较为开阔、
   平整的区域，不宜坡度过大；

2. 室外健身场地应采用防滑铺装，并
   应设置安全抓杆和扶手；

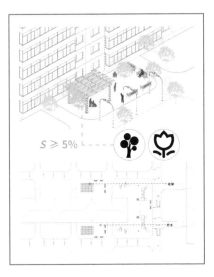

3. 噪声控制应符合现行国家标准《声环境质量标准》GB 3096的有关规定；

4. 场地内应满足日照与遮阴要求，设置乔木、花架等遮阴措施的面积比例宜达到5%；

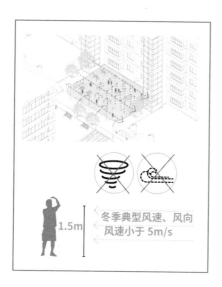

无障碍设计

1.5m

冬季典型风速、风向
风速小于 5m/s

健身场所

▲ 5. 宜根据风环境模拟，冬季典型风速
和风向条件下，距地高1.5m处风速
宜小于5m/s；过渡季、夏季典型风
速和风向条件下，场地内人员活动
区不宜出现涡旋或无风区；

6. 应进行无障碍设计，符合《无障碍
设计规范》GB 50763的相关要求；

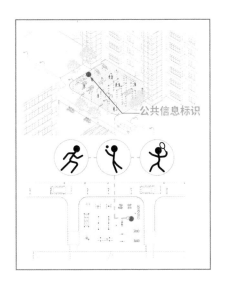

7. 应在明显位置配置公共信息标识。

▲ 室外健身场地应配置下列设施：
宜设置简易挂衣设施。

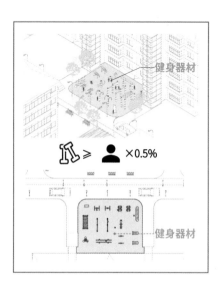

健身场所

▲ 住区内设置集中健身场所：
  室内及室外健身场地应设置免费健身
  器材，数量不少于建筑总人数的0.5%。

老年人与儿童活动场地

▲ 合理设置老年人、儿童活动场地及设
  施，并应满足下列要求：
  1. 场地内所有设施应无尖角，儿童活
     动设施的数量不宜少于3个；

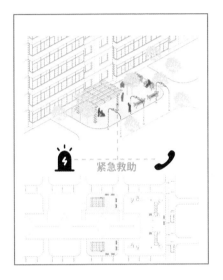

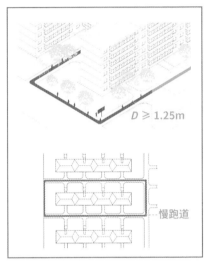

慢跑道

▲ 项目内设有专用健身步道或慢跑道:

1. 慢跑道宽度不宜小于1.25m;

2. 在老年人经常活动的区域,宜设置
紧急求助呼叫按钮。

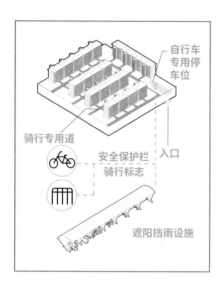

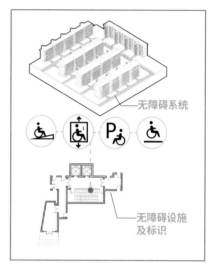

鼓励绿色出行

▲ 项目应通过以下措施鼓励社区人员采
  用健康的出行方式：

  1. 场地主出入口附近应预留自行车专
     用停车位；

  2. 自行车停车位数量满足规划部门的
     规定，地上自行车位应设有遮阳挡
     雨设施，场地内可设有骑行专用道
     连接自行车出入口至停车位。

无障碍设计

▲ 建筑及场地设计应符合下列要求：

  1. 应符合现行国家标准《无障碍设计
     规范》GB 50763的相关规定，并
     应形成连续的无障碍系统；

  2. 建筑出入口、楼电梯、走道、公共
     卫生间、停车场等公共场所应设置
     系统的无障碍设施及标识。

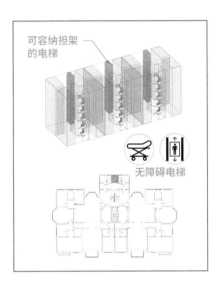

可容纳担架
的电梯

无障碍电梯

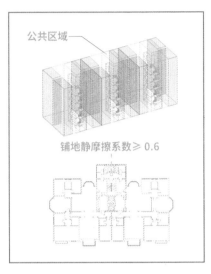

公共区域

铺地静摩擦系数 ≥ 0.6

▲为满足适老适幼的通行要求，应采用
下列措施：

1. 住宅建筑，每个设置电梯的居住
单元应至少设置1部可容纳担架的
电梯；

2. 走道、楼梯等公共区域均应采用静
摩擦系数不小于0.6的防滑铺装面
层材料。

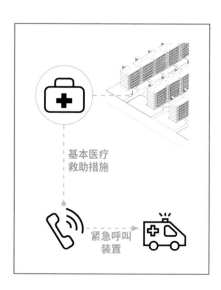

紧急救援

▲ 建筑设计宜具有医疗服务和紧急救援
的便利条件，并宜满足下列要求：
  1. 宜配置有基本医学救援设施；
  2. 宜配置急救呼叫装置。

老年人与儿童监护

▲ 设置方便使用者的人性化空间或设
施，并宜满足下列要求：
居住区宜设置老年人日间照料场所和
儿童临时托管场所，并制定安全运行
管理制度。

3.10 精神

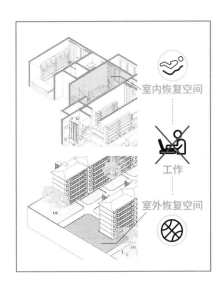

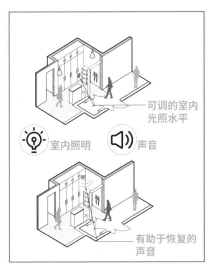

帮助恢复的空间

■ 所有常规建筑使用人员至少可使用1个指定的恢复空间。该空间可在室内或室外，并且可以由1个或多个用于放松和恢复的空间组成。空间可以是多用途的，但不得用于工作。

■ 提供有助于恢复的环境，至少考虑以下4个方面：

1. 照明（如可调的室内光照水平）；
2. 声音（如水景、自然声音、声音掩蔽）；

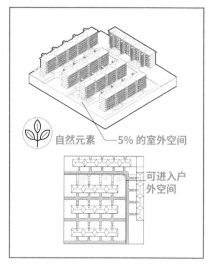

帮助恢复的空间

■ 3. 热舒适性（如室外的阳光照射和阴影区域）;

 4. 座椅的布置，以适应不同用户的喜好和活动（如可移动的轻质椅子、靠垫、坐垫）。

提供室外自然接触

■ 提供下列户外自然通道便利条件:

 1. 所有常规建筑使用人员都必须能够无障碍进出本项目内部区域至少5%的室外空间;

 2. 从建筑上方看，至少有70%的可进入户外空间必须包括植物或其他自然元素，包括树冠。

3.11 卫生防疫设计

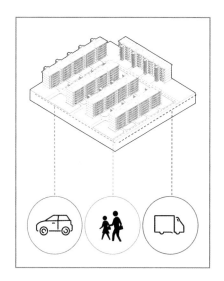

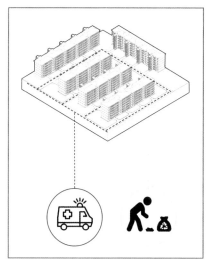

建筑布局

▲建筑布局应遵循下列规定：

    1. 建筑布局应使建筑基地内的人流、车流与物流合理分流，防止干扰，并应有利于防疫期间消防、停车、防疫、人员集散的设置；

    2. 建筑布局应满足疫情期间救护车通行及垃圾运输路线的要求。

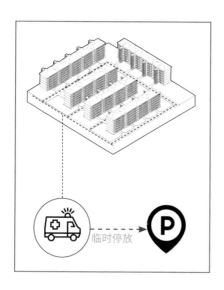

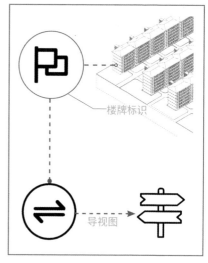

基地道路设计

▲ 基地道路设计应符合下列规定：
住宅建筑用地内的道路应满足救护车辆到达每个建筑单元室外出入口的需求，且建筑的出入口处应满足救护车辆临时停放的需求。

楼牌标识

▲ 建筑基地内如有多栋建筑，建筑的门牌、楼牌标识应统一位置，楼牌标识应置于建筑外墙易于识读的位置，门牌标识应靠近建筑主要出入口设置，基地出入口应设置楼栋编号导视图。

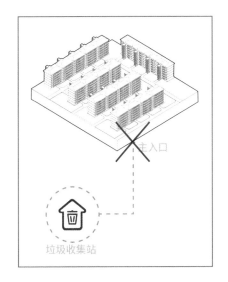

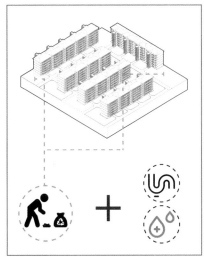

废弃物收集和再利用设施

▲ 建筑基地中的废弃物收集和再利用设
施的设置，应符合下列要求：

1. 垃圾收集站、点应进行垃圾物流规
   划，合理设计垃圾清运路线，避开
   基地主要出入口、通道及主要人
   流，并与周围景观协调；

2. 垃圾收集点附近宜设置给水、排水
   及消杀设施或预留设置条件。

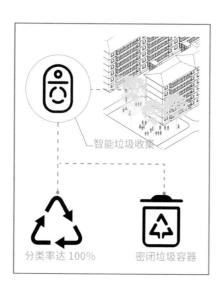

智能垃圾收集

分类率达 100%　　密闭垃圾容器

蚊虫滋生

避免积水

窗前视野

▲ 1. 应按照垃圾分类标准选垃圾容器，
　　分类收集率应达到100%；
　　2. 应采用密闭垃圾容器，宜采用脚踏
　　式、感应式等无接触垃圾容器；
　　3. 宜为设置智能垃圾收集系统预留
　　条件。

室外场地

▲ 应合理设计基地室外场地及空间环
境，通过竖向设计和海绵城市设计，
避免积水、防止蚊虫滋生。

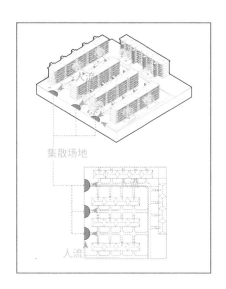

集散场地

人流

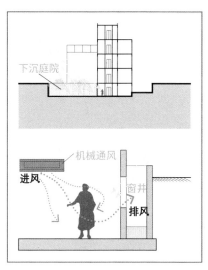

下沉庭院

机械通风

进风   窗井

排风

基地出入口

▲ 基地出入口应设置集散场地,满足卫生防疫管理的需求。

地下空间

▲ 地下空间的防疫设计,应符合下列要求:

1. 地下空间应满足安全、卫生的要求,日常为人员使用的空间宜充分利用窗井或下沉庭院等进行自然通风和采光,如无法进行自然通风,应设置机械通风措施;

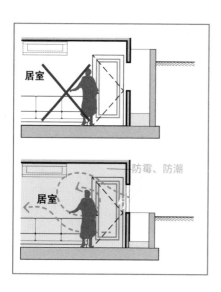

地下空间

居住空间

▲2. 地下室不应布置居室。当居室布置
　　在半地下室时，必须采取满足采
　　光、通风、日照、防潮、防霉及安
　　全防护等要求的相关措施。

▲套内居住空间的防疫设计应符合下列
　要求：

1. 建筑空间布局应具有一定的灵活
   性，便于在发生疫情等突发事件时
   进行空间分隔，宜采用大空间、轻
   质隔墙等方式进行空间划分；
2. 套型宜结合玄关或阳台设置洗手消
   毒空间；

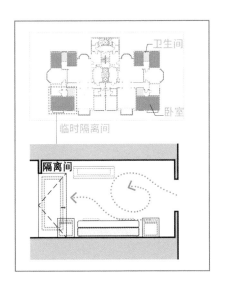

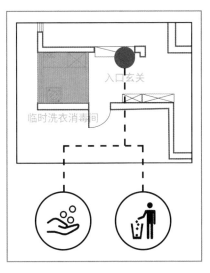

入口玄关

▲ 入口玄关设计，应符合下列要求：

▲ 3. 当套型内设有两个及以上卧室时，宜设置带有卫生间的套房，疫情时用作临时隔离间，临时隔离间应自然通风。

1. 玄关应设置洗手消毒空间、防疫垃圾存放或预留位置，可结合其他功能空间合并设置；

2. 宜设置与玄关直接相连的临时洗衣消毒间。

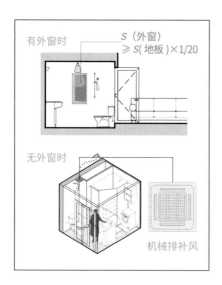

有外窗时

$S（外窗）$
$\geq S(地板)\times 1/20$

无外窗时

机械排补风

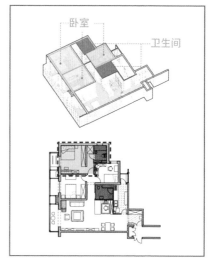

卧室

卫生间

套内卫生间

▲住宅套内卫生间设计，应符合下列
要求：

1. 卫生间宜有直接采光、自然通风，
   卫生间的通风开口面积不应小于该
   房间地板面积的1/20，无外窗的卫
   生间应有排补风措施；

2. 三居室及以上户型，应设置不少于
   2个卫生间；

3. 当设置不少于2个卫生间时，宜至
   少在1个卧室内配置卫生间；

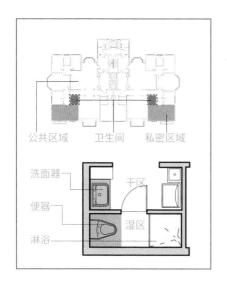

公共区域　卫生间　私密区域

洗面器
便器
淋浴
干区
湿区

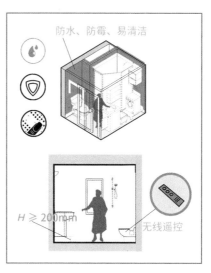

防水、防霉、易清洁

$H \geq 200mm$

无线遥控

▲ 4. 当仅设置1个卫生间时,卫生间宜布置在私密空间与公共空间的交界区域,并宜采用干湿分离设计,将洗面器、便器、淋浴分别设置在不同空间;

5. 宜选用免接触开启的智能马桶或预留水电条件;

6. 洗面台下柜、便器等宜选用悬挂式安装,距地高度不小于200mm,避免出现清洁死角;

7. 室内装饰材料应选择防水、防霉、易于清洁的材料。

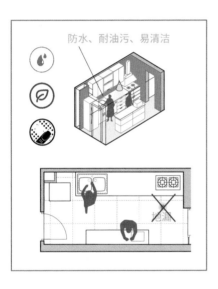

防水、耐油污、易清洁

地漏

防水、防潮、防霉

弧形倒角

套内厨房

▲ 套内厨房设计，应符合下列要求：

1. 室内装饰材料应选择防水、耐油污、易于清洁的材料。宜采用饰面一体化装配式装修，减少材料拼缝，保证墙面易清洁；

2. 厨房不应设地漏；

3. 橱柜应选用防水、防潮、防霉材料；

4. 台面与墙面交界处宜采用弧形倒角设计或采用金属封边条，确保阴角处易清洁、无卫生死角。

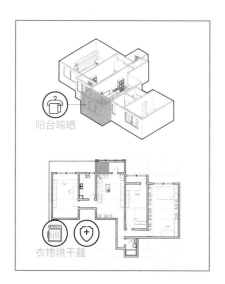

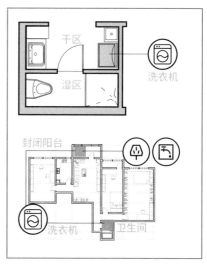

晾晒空间

▲ 套型内应设置晾晒空间，宜设置在有
阳光直射的阳台。无直射阳光晾晒条
件时，宜为配置有杀菌功能的衣物烘
干等设备预留条件。

洗衣机

▲ 洗衣机宜设置在卫生间干区或设置在
封闭阳台。阳台宜预留上下水点、电
源等，满足清洗消毒要求。

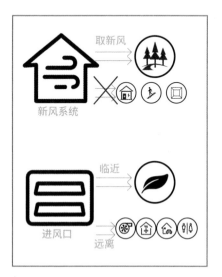
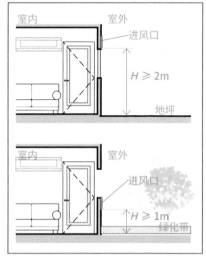

进风口

▲新风系统应直接从室外取新风，不应从机房、楼道及吊顶等处间接吸取新风，空调系统新风口进风口布置应符合下列规定：

1. 应设置在室外空气清洁的地点，应远离排油烟、锅炉排烟、车库、卫生间排风等污染物排放口及冷却塔等；

2. 进风口的下缘距室外地坪不宜小于2m，当设置在绿化地带时，不宜小于1m；

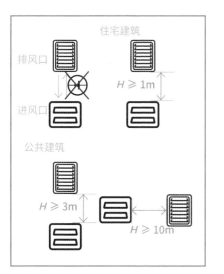

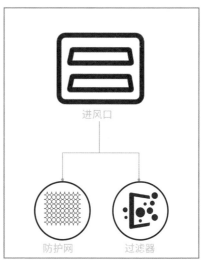

▲3. 进风口与排风口不应短路，进风口宜低于排风口；住宅建筑中进、排风口间距不宜小于1m；公共建筑进、排风口垂直布置时，进风口宜低于排风口3m以上，相同高度布置时，水平距离不宜小于10m；

4. 进风口应设置防护网和粗效过滤器。

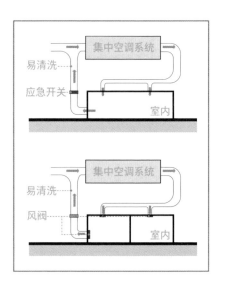

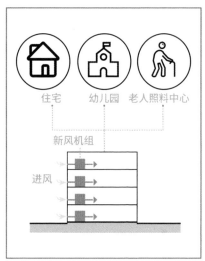

集中空调风系统

▲ 集中空调风系统设计应满足以下要求：

1. 应具备应急关闭回风的装置；
2. 不同房间或区域的送、回风支管上应设置电动或手动风阀；
3. 应设置便于风管清洗、消毒的设施或条件。

▲ 当设置新风系统时，住宅、幼儿园及老年人照料设施等建筑宜采用分散式新风系统。

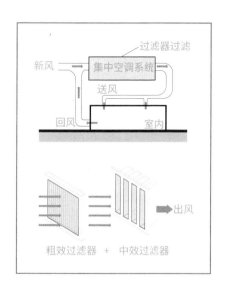

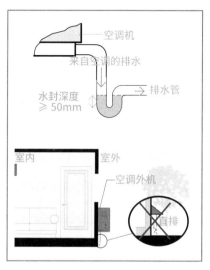

集中空调系统

▲ 全空气系统设计时，应使系统实现全
新风运行工况。集中空调系统宜采用
以下净化消毒措施：

1. 新风系统应至少采用粗效、中效两
级过滤；

2. 空调设备的冷凝水管道应设置水
封，空调冷凝水应有组织排放，不
应地面散排；

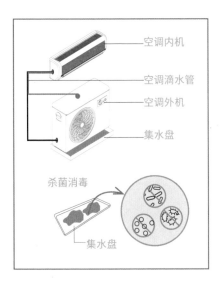

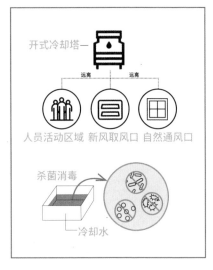

集中空调系统

开式冷却塔

3. 空调设备集水盘宜设置紫外线杀菌
   装置。

▲ 开式冷却塔应符合以下要求：

1. 开式冷却塔位置应远离人员活动区
   域、新风取风口和自然通风口；

2. 开式系统循环冷却水宜设置杀菌消
   毒设备。

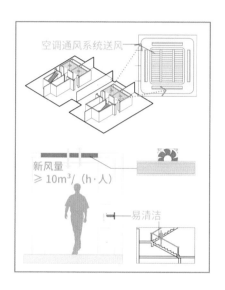

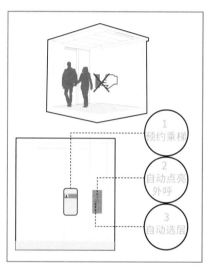

电梯

▲ 1. 电梯竖井顶部应设置通风设施，电
梯轿厢应设置通风换气装置，为
轿厢内提供的新风量不应小于
10m³/（h·人）；

2. 楼梯、电梯扶手应采用易清洁材料。

电梯呼梯

▲ 宜选用具有非接触控制方式的电梯呼
梯按钮盒。采用按钮呼梯的电梯厅中
应提供一次性触碰设施及消毒装置。

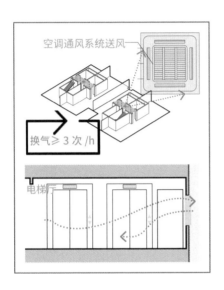

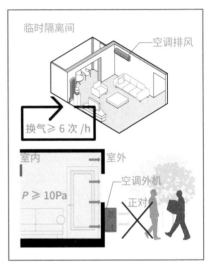

电梯厅

▲ 无自然通风的人员经常停留的电梯厅
应设置通风系统，换气次数不小于
3次/h。

临时隔离间

▲ 临时隔离间应保证隔离使用时不低于
10Pa负压，应设置独立的机械排风系
统，其换气次数不应小于6次/h，排风
口不应位于室外人员活动的区域。

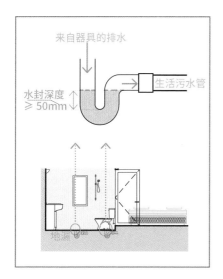

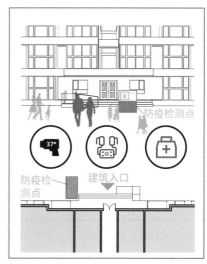

卫生器具

▲ 生活卫生器具及设施与生活污水管道
或其他可能产生有害气体的排水管道
连接时，应在下列排水口以下设置存
水弯：

1. 构造内无存水弯的卫生器具或无水
   封的地漏；
2. 其他设备的排水口或排水沟的排
   水口。

建筑入口

▲ 应在建筑物或建筑群入口防疫检测点
预留固定式体温检测设备安装位置，
应配备自动体外除颤仪（AED）等急
救设备和急救药品箱并定期维护。

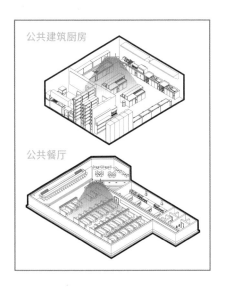

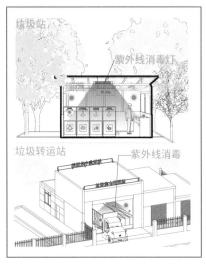

紫外线消毒

▲ 1. 公共建筑的厨房、餐厅以及有供电
线路的社区餐饮售卖房（车），应
设有紫外线消毒灯；

2. 垃圾分类房、垃圾转运站、垃圾站
应设有紫外线消毒灯；

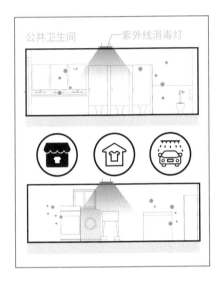

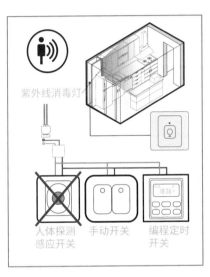

紫外线防护

▲ 3. 建筑公共卫生间等场所,应设紫外线消毒灯;

4. 洗衣房、洗衣店、洗车房,应设有紫外线消毒灯。

▲ 所有设紫外线消毒灯的场所应防止人员紫外线暴露,应设计多重防护措施,至少同时采用以下配置:

1. 应设专用的人体探测感应开关,实现有人进入消毒辐射场所时自动关闭紫外灯;

2. 控制电路中,应设手动开关和编程定时开关,不应旁通人体探测感应开关;

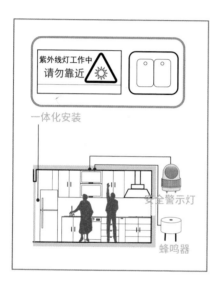

一体化安装

紫外线灯工作中
请勿靠近

安全警示灯

蜂鸣器

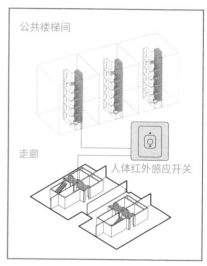

公共楼梯间

走廊

人体红外感应开关

紫外线防护

▲3. 安全警示牌应和手动开关采用一体
化安装，确保操作开关同时注意到
警示内容；

4. 应在设有紫外线消毒灯的场所配合
设置安全警示灯和蜂鸣器。

控制系统

▲公共楼梯间、走廊、电梯厅照明的控
制系统，应符合以下规定：

1. 建筑的公共楼梯间、走廊、电梯厅
等场所采用自动感应开关控制照明
时，应选用人体红外感应开关；

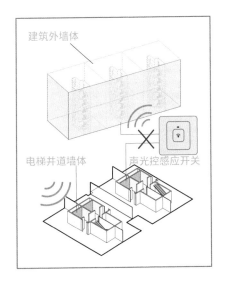

建筑外墙体

电梯井道墙体　　声光控感应开关

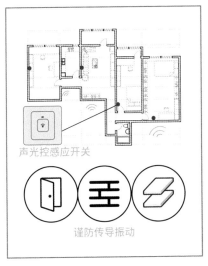

声光控感应开关

谨防传导振动

2. 电梯井道所在墙体、建筑外墙体
   上，不应设声光控感应开关；

3. 其他场所如需设计使用声光控感应
   开关，应采取措施避免相邻门框、
   墙体和楼板传导振动导致误触发。

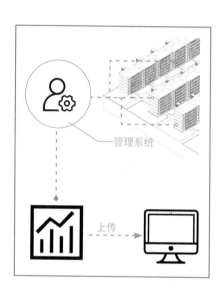

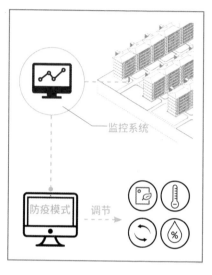

管理系统

▲ 建筑宜设置疫情信息收集、健康信息管理、疫情防控预警和防疫应急物资管理系统；宜预留数据上传至各级政府以及相关防疫部门大数据服务平台的接口。

监控系统

▲ 建筑设备监控系统应具备根据防疫需要对空调新风、回风、温度、湿度进行调节的功能，并应设计防疫运行工况模式。

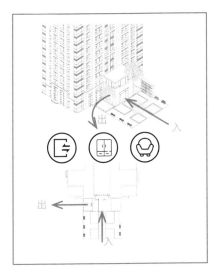

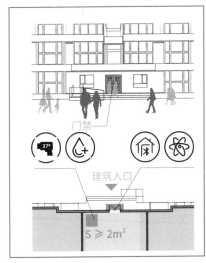

出入口

▲ 出入口、公共门厅、单元大堂的防疫
设计,应符合下列要求:

1. 出入口的设置应考虑人员出入分流
   的可能性;

2. 门厅和大堂(含地下出入口)宜采
   用智能化非接触式感应型门禁系统
   或识读设备,并预留设置非接触体
   温检测、清洗消毒等设施的空间,
   面积不小于$2m^2$。

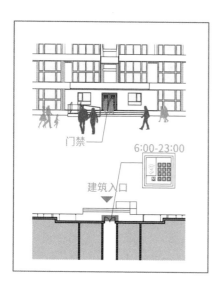

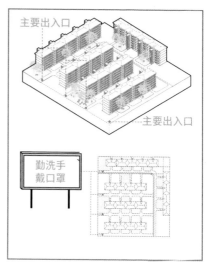

出入口控制系统

▲ 应设置出入口控制系统，并应具有调整出入权限和出入时间段的功能。

电子宣传

▲ 居住区主要出入口应设置电子宣传屏。

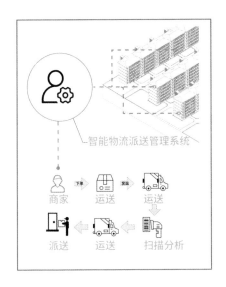

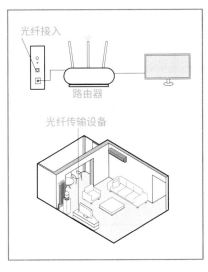

物流配送

▲ 居住及公共建筑宜设置智能物流配送
　管理系统。

通信基础设施

▲ 通信基础设施应采用光纤接入方式，
　宜将光纤接至房间。

|4|
典型健康社区案例

4.1 案例简介

WELL标准

《WELL健康社区标准》的宗旨是在居住者生活所用的公共空间里提升健康与幸福水平，目标是让社区变得具有包容性、互通性、复原性，让社区给居住者高度的社会参与感。

《WELL健康社区标准》有十大概念，分别从空气、水、营养、光、运动、热舒适等方面对社区的健康程度进行评价，全面推动以健康为核心、具有高度融合性和支持感的社区发展。

《WELL健康建筑标准》

《WELL健康社区标准》简介

案例简介

方岛规划用地面积约100hm²，是武汉第一座人工岛，由蝶形的凤凰湖围合而成，武汉方岛金茂智慧科学城秉持"绿色低碳、开放共享"的理念，打造健康宜居的街区。

方岛以绿色生态、低碳能源为发展方向，协调建筑开发，采用市政污水管网的原生污水作为夏季制冷和冬季供暖的媒介，将污水转化为智慧能源。

武汉方岛金茂智慧科学城效果图

武汉方岛金茂智慧科学城WELL审核表

4.2 案例中的原则应用

建筑室内

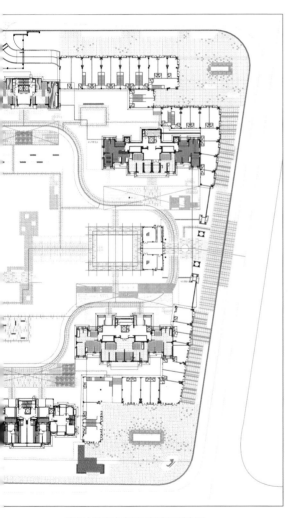

案例中的室内空间及健康原则应用

● 健康住宅评价标准
▲ 健康建筑设计标准
■ WELL健康社区标准

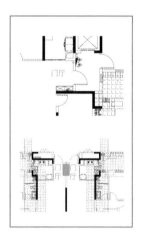

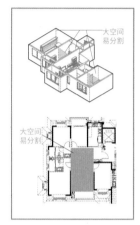

入户空间

● 入户门厅设置换鞋、存放雨具等功能性空间。

居住空间

▲ 套型应具有灵活性，宜采用大空间、轻质隔墙的方式进行空间划分。

无障碍电梯

● 住宅建筑每单元至少设置1台可容纳担架的无障碍电梯。

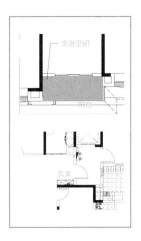

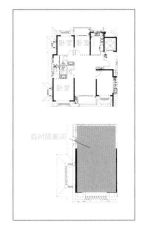

洗消空间

▲ 套型宜结合玄关或阳台设置清洗消毒空间。

临时隔离间

▲ 当套型内设有两个及以上卧室时，宜设置带有卫生间的套房，疫情时用作临时隔离间，临时隔离间应自然通风。

平面布局

● 住宅户内平面布局符合下列要求：
户内设置门厅、过道等过渡性空间。

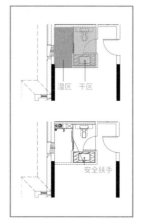

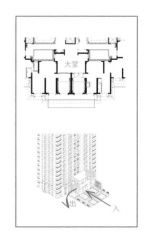

套内卫生间

▲ 三居室及以上户型，应
设置不少于2个卫生间；

1. 当设置不少于2个
卫生间时，宜至少
在1个卧室内配置卫
生间。

2. 当仅设置1个卫生间
时，卫生间宜布置在
私密空间与公共空间
的交界区域，并宜采
用干湿分离设计，将
洗面器、便器、淋浴
分别设置在不同空间。

● 卫生间设置安全扶手。

出入口

▲ 出入口、公共门厅、单
元大堂的防疫设计，应
符合下列要求：

出入口的设置应考虑人
员出入分流的可能性。

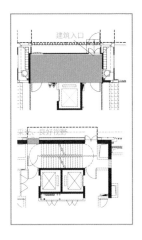

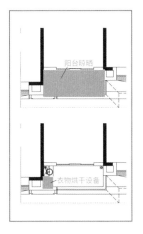

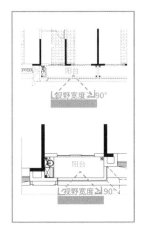

楼梯

● 楼梯设置距建筑入口距
离不大于8m，并设有
明显的楼梯标识。

1. 楼梯间有天然采光；
2. 休息平台有良好的
   视野。

晾晒空间

▲ 套型内应设置晾晒空
间，宜设置在有阳光直
射的阳台。无直射阳光
晾晒条件时，宜为配置
有杀菌功能的衣物烘干
等设备预留条件。

窗外视野

● 在起居室或卧室的阳台
上可以看到室外自然景
观的视野宽度不小于
90°。

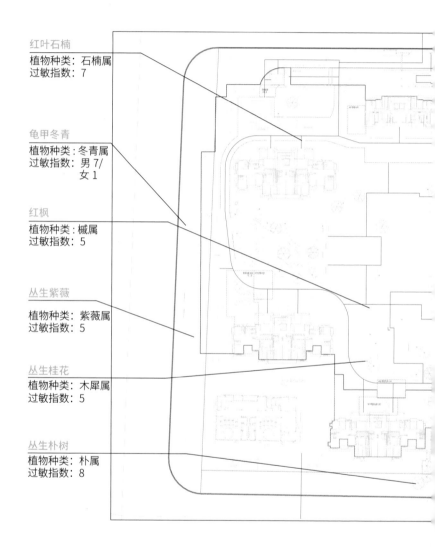

红叶石楠
植物种类：石楠属
过敏指数：7

龟甲冬青
植物种类：冬青属
过敏指数：男 7/
女 1

红枫
植物种类：槭属
过敏指数：5

丛生紫薇
植物种类：紫薇属
过敏指数：5

丛生桂花
植物种类：木犀属
过敏指数：5

丛生朴树
植物种类：朴属
过敏指数：8

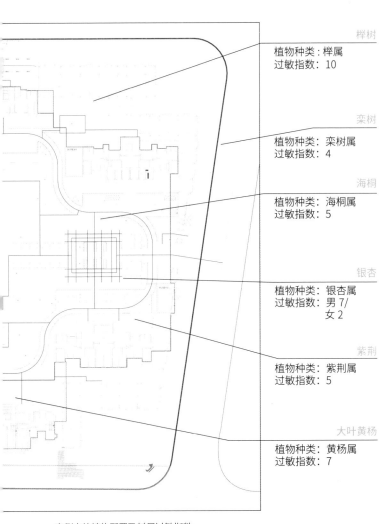

榉树

植物种类：榉属
过敏指数：10

栾树

植物种类：栾树属
过敏指数：4

海桐

植物种类：海桐属
过敏指数：5

银杏

植物种类：银杏属
过敏指数：男 7/
女 2

紫荆

植物种类：紫荆属
过敏指数：5

大叶黄杨

植物种类：黄杨属
过敏指数：7

案例中的植物配置及其易过敏指数

4.3 公共空间中的原则应用

室外健身场所

活动场地

树荫

游乐设施

绿地设计

慢跑道

交通环境

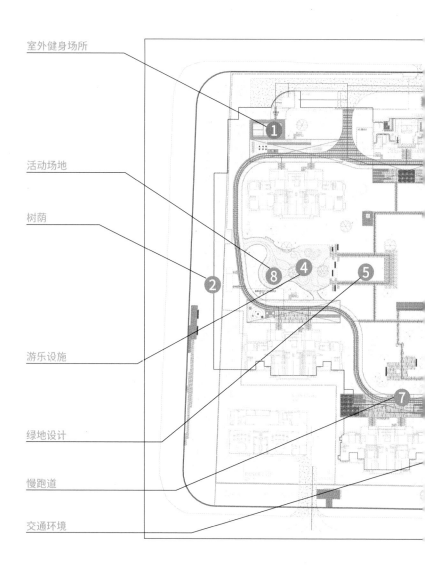

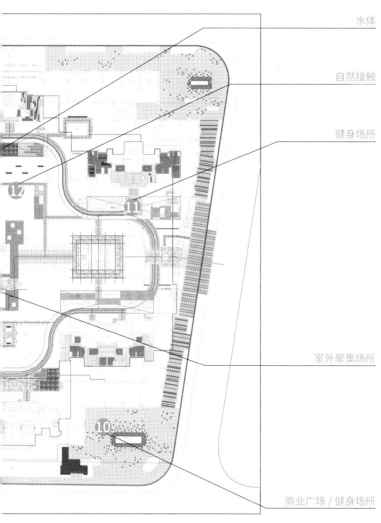

水体

自然接触

健身场所

室外聚集场所

商业广场 / 健身场所

案例中的公共空间及健康原则应用

● 健康住宅评价标准
▲ 健康建筑设计标准
■ WELL健康社区标准

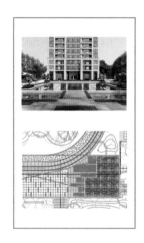

室外健身场所

■ 在所有住宅建筑800m
的步行距离内，至少有
2处可供居民免费使用
的公园或绿地。

树荫

■ 使用适合气候的植物，
项目边界25%以上铺装
在15年施工期内被树冠
覆盖。

水体

■ 至少有1片水域在50%
的社区居民步行1.2km
（或乘坐公共交通
15min）范围内。

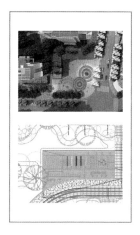

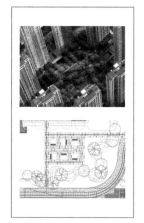

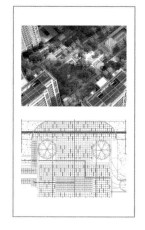

游乐设施

- 户外儿童游乐设施需位于社区内的公共空间，并在入口处指示可访问时间。

绿地设计

- 植被量至少70%，包括树冠、树叶或其他视觉刺激的植物，如灌木、花坛、草丛等。

室外聚集场所

- 社区内至少有2个公共空间供居民互动和聚集，包括广场、公园、人行道等。

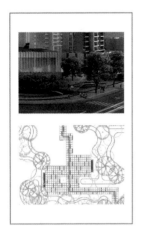

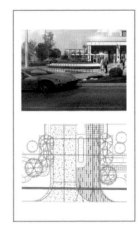

慢跑道

▲ 项目内设有专用健身步
道或慢跑道：
慢跑道宽度宜不小于
1.25m。

活动场地

▲ 合理设置老年人、儿童
活动场地及设施，场地
内所有设施应无尖角。

交通环境

● 项目交通环境需采取安
全措施：
车行道与活动广场之间
设置安全隔离设施。

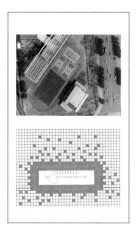

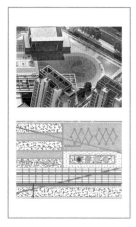

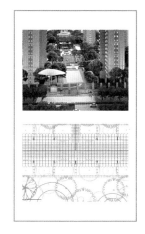

健身场所

▲ 室外健身场地选址应结合用户特点，选择较为开阔、平整的区域，不宜坡度过大。

健身场所

● 室内及室外健身场地应设置免费健身器材，数量不少于社区总人数的0.5%。

自然接触

■ 从建筑上方看，至少有70%可进入的户外空间需包括植物等在内的自然元素。

| 5 |

健康社区人工智能设计

5.1 AI赋能建筑设计技术路径

　　健康社区理念对于住宅住区提出了更高的设计、建造、管理要求标准，而伴随着技术的进步，我们希望能利用人工智能更精准、更高效地提升住宅建筑的健康设计。AI赋能建筑设计，需要感知智能、认知智能、决策智能三种不同阶段的能力来实现建筑设计能力的提升。

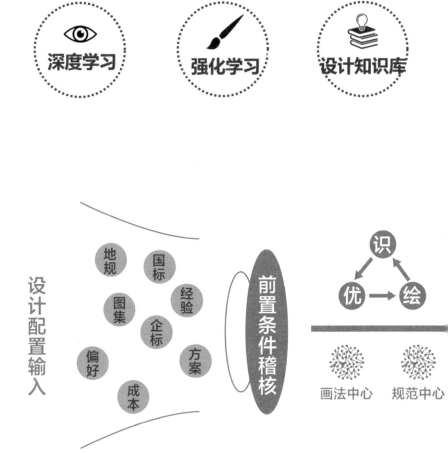

感知智能

AI识图是AI之眼,通过对场地信息、建筑图纸的解析,将图片或dwg文件信息还原成几何要素;

认知智能

AI建筑设计知识库是AI之脑,分类归纳了各种建筑设计场景、条件及相应的解决方案;

决策智能

AI画图是AI之手,根据不同场景,在相应的解决方案下作出合理决策,执行相应绘图操作。

AI 自动出图

构件 建 空间
选型 结 布置
系统 水 分区
系统 暖 负荷
配平 电 计算

整体运筹优化

专业数据打通

协同模型生成

图纸绘制呈现

5.2 AI识图学习系统：AI之"眼"

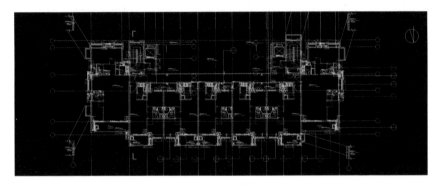

构件识别实例

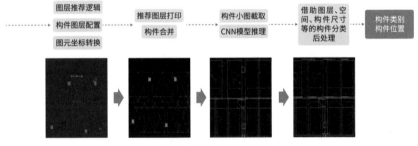

图层推荐逻辑	推荐图层打印	构件小图截取	借助图层、空间、构件尺寸等的构件分类后处理	构件类别构件位置
构件图层配置	构件合并	CNN模型推理		
图元坐标转换				

AI识图—构件识别原理说明

识图技术

利用CV/ML/DL等技术，AI识图系统识别施工图纸，将独立的图元信息检测并识别成具有建筑意义的构件或空间对象，包括对象的轮廓、属性等。

AI识图将检测并识别到的构件对象和空间对象提供给AI画图，由画图建立立体的建筑模型，并进行设备施工图等图纸的自动生成。

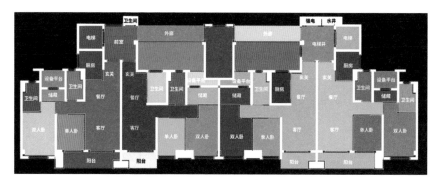

空间分割实例

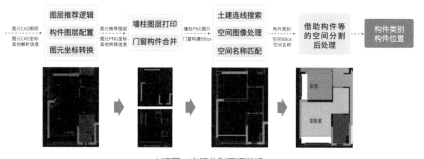

AI识图—空间分割原理说明

目前，基于CAD机器视觉的识图，读取建筑设计数据信息，品览[1]已实现400余类对象类型、50万级图形图像的建筑设计训练库。

建筑设计训练库覆盖建筑、结构、水、暖、电五大专业，支持住宅建筑中各类空间、构件、标记等内容的识别。

---

[1]指上海品览数据科技有限公司。

5.3 AI画图强化学习系统：AI之"手"

$$maximize \quad utility(\boldsymbol{x})$$
$$s.t. \quad constraints_i(\boldsymbol{x}) \leqslant 0, \quad for \ 1 \leqslant i \leqslant N$$

优化方法的模型表达

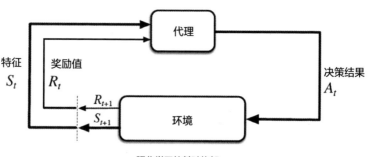

强化学习的基础构架

画图是一个决策的过程

画图的过程可以被认为是一个决策的过程，决策过程可以被认为是一种优化方法，即在一组约束条件的作用下，让我们的目标效果最大化。

在一些简单的情况下，我们可以使用凸优化的理论和方法，使用简单的梯度下降工具达到最优的解。在更加复杂的场景中，尤其是优化问题演变成组合优化问题形式的时候，优化问题的求解会变得异常困难。

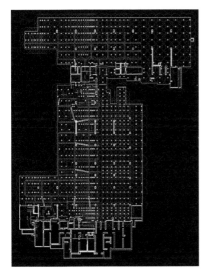

组合优化决策方案（正向设计）

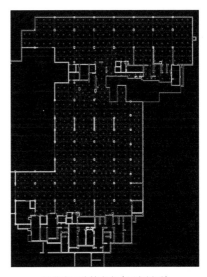

强化学习决策方案（反向判别）

组合优化问题的求解

组合优化问题是指从有限个可行解中找到最优的一个或一类解的问题。求解这类组合优化问题经常需要用到运筹学（应用数学学科）中的数学规划方法，启发式算法以及近年来再次兴起的机器学习方法。

例如在地库喷淋平面图的绘制场景中，如何进行喷头的布置就是一种典型的集合覆盖问题（Set Covering Problem）。在喷头布置的场景中，正向设计喷头算法是困难的，但是判别什么样的布置方案是好的则相对容易。

5.4 AI建筑设计知识库：AI之"脑"

建筑设计知识库提供了建筑设计知识与经验沉淀的平台化解决方案，将改变过去建筑设计行业极其依赖于个人经验且个人经验难以复用的状态，设计方法将以自然语言的形式结构化地记录下来，转译为代码后，作为AI绘图内在逻辑。这套设计方法可复用到多个项目，后续只需对该知识库进行维护和更新即可直接赋能生产。

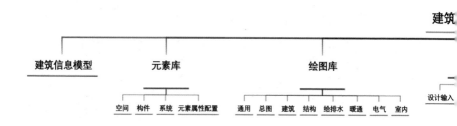

建筑信息模型

定义数据存储结构以及数据之间的关系形式。

元素库

定义空间、构件、系统三类元素的一级、二级分类和属性（几何属性与信息属性），以及可作用于该类元素的关系。

绘图库

定义设计过程中计算逻辑、绘图逻辑，包含建筑、结构、水、暖、电、总图、室内七大专业及通用性制图逻辑。

构

		设置库								规范库		
图层	图例	图框	图名	图纸	标注样式	文字样式	表格样式		国家标准/规范（原文）	地区标准/规范（原文）	企业标准/规范（原文）	

取值库

定义设计过程中需读取的来自用户或标准/规范/行业标准的数值。

设置库

定义制图标准，包括图层、图例样式、图框样式、图名格式、图纸尺寸、标注样式、文字样式等。

规范库

收录相关的标准与规范规定。

5.5 有温度的AI：健康社区AI设计

健康社区设计及评价知识库是完整的建筑设计知识库的一部分，例如在筑绘通[①]AI建筑设计产品中，用户可上传住宅小区施工图图纸，经图纸解析、图纸识别、健康社区设计及评价知识库规则匹配，给出图纸修改建议或具体调整方案。

1. 选择出图模块

2. 上传方案图纸

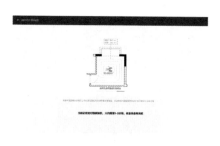

3. 图纸解析

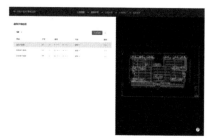

4. 出图子项确认

---

①由上海品览数据科技有限公司开发的AZ建筑设计产品"筑绘通"（www.pinlandata.com/pl_zhtx）。

5. 识图信息确认及修正

健康社区设计配置页面

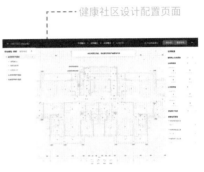

6. 出图配置

7. 绘图结果调整

8. 出图完成、下载图纸

健康社区设计要求

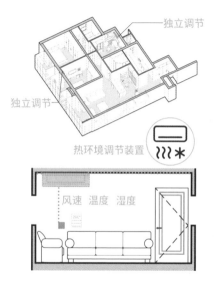

独立调节

独立调节

热环境调节装置

风速　温度　湿度

室内热环境设计

主要功能房间的供暖、空调应设置具有现场独立控制的热环境调节装置，应具有温度调节功能，宜具有风速、湿度等调节功能。

出图结果（品览提供）

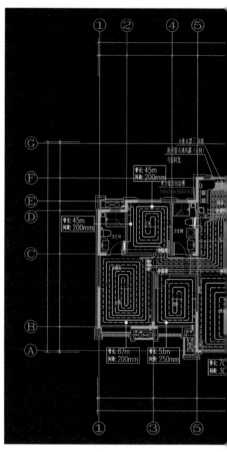

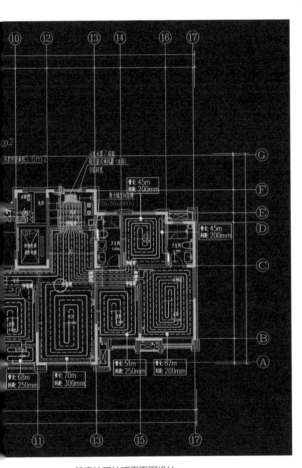

健康社区地暖平面图设计

健康社区配置项

建筑模型 +

▾ 一层

  ▾ 户空间（4）

    ‣ 户1

    ‣ 户2

    ‣ 户2

    ‣ 户3

  ‣ 公共空间（4）

健康社区配置

户内供暖末端形式

回旋式

户内卫生间的采暖形式

地暖

外窗或外墙处盘管是否加密处理

是

户内回路不平衡率下限值

10%

后记

城市正迅速发展，社区亦随之不断变化，预计到2050年，全球约3/4的人将在城市中生活。社区通过功能、品质等各个方面影响着人的生理与心理健康。在人口扩张、疫情暴发的当下，社区空间的规划设计需要满足居民日益增长的健康需求。《健康社区设计指南》是"健康城市设计理论丛书"的第4本。这本书的撰写历时3年，全书框架、内容和呈现形式都经过了近十轮彻底地讨论和修改，试图为社区管理者和一线设计师提供简明的图解手册。同时，本书在撰写过程中不可避免地受到作者视野和水平的限制，具有一定的局限性，不足之处请各位专家和读者批评指正！

这本指南在撰写过程中受到了各方的指导和帮助，在此表示衷心感谢！感谢复旦大学附属中山医院曹嘉添医生从临床医学理论、卫生统计等方向对本书的研究给予了指点和帮助。感谢上海品览数据科技有限公司李一帆、房宇巍、秦承祚等专家从人工智能辅助健康社区的理论、实践和产品的视角，对本书倾力帮助。感谢中国金茂控股集团有限公司为本书提供经过"Well健康社区标准评估"的新建居住社区代表性案例。

本书的研究受到国家自然科学基金面上项目"面向健康城市设计的'病理指标-社区空间'关系结构方程模型研究——以心血管疾病（CVD）为例"（编号52178002）、国家自然科学基金青年项目"基于肥胖症等流行病预防理论的当代城市设计中'易致病空间因素'影响机制及整治设计策略研究"（编号51608021）和"面向健康城市步行空间设计的'感知指标-空间要素'协方差量化模型研究"（编号52008015）支持，特此感谢！感谢丁文晴、冯昊、朱玉航、孙振鑫、李麦琦、李竟楠、陈奕彤、陈紫薇、侯珈明、高栩、梁莹等同学参与本书的前期整理和绘图工作。

最后特别感谢中国建筑工业出版社刘丹编辑，在她的大力支持和悉心工作下本书才得以付梓。

李煜

2022年6月于北京